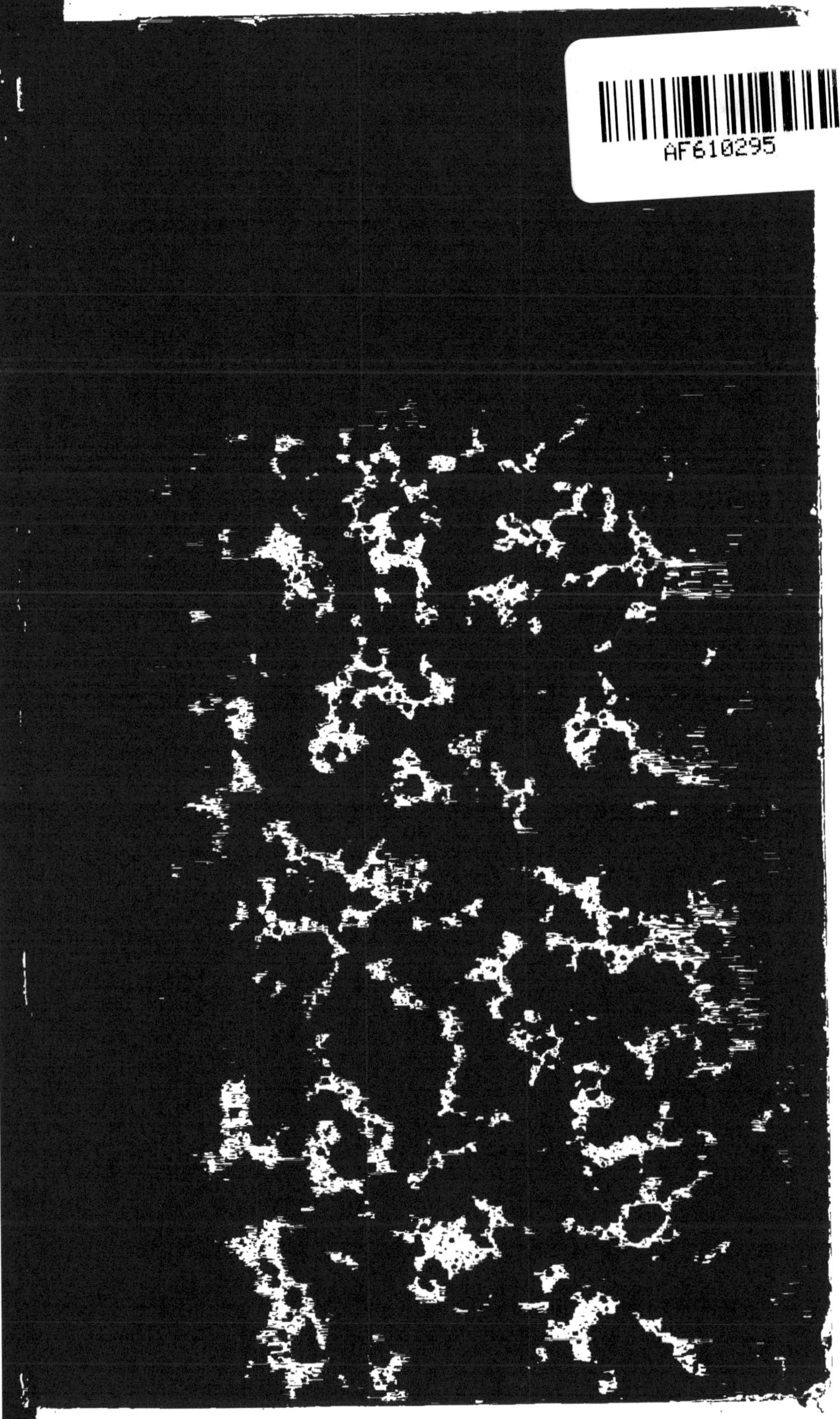

S.

149

COLÉOPTÈRES

DU

MEXIQUE,

PAR A. CHEVROLAT,

SECRÉTAIRE ADJOINT ET L'UN DES FONDATEURS DE LA SOCIÉTÉ ENTOMOLOGIQUE DE FRANCE, MEMBRE DE PLUSIEURS SOCIÉTÉS D'HISTOIRE NATURELLE.

1 Fascicule.

STRASBOURG,

IMPRIMERIE DE G. SILBERMANN,

PLACE SAINT THOMAS, N° 3.

1834.

COLÉOPTÈRES

DU

MEXIQUE,

PAR

A. CHEVROLAT,

SECRÉTAIRE ADJOINT ET L'UN DES FONDATEURS DE LA SOCIÉTÉ ENTOMOLOGIQUE DE FRANCE, MEMBRE DE PLUSIEURS SOCIÉTÉS D'HISTOIRE NATURELLE.

STRASBOURG,

IMPRIMERIE DE G. SILBERMANN,

PLACE SAINT-THOMAS, N° 3.

1834.

Se trouve à Paris :

Chez COSNARD, libraire, rue du Faubourg-Montmartre, n° 31 ;

LEQUIEN, libraire, quai des Augustins, n° 47.

INTRODUCTION.

L'ÉPOQUE actuelle marquera dans les annales de l'Entomologie, par le nombre considérable des Coléoptères de tous pays qui viennent chaque jour accroître le domaine de la science. Aussi la nécessité d'enregistrer et de décrire ces nouvelles richesses se fait-elle vivement sentir, quoique déjà plusieurs travaux aient été entrepris dans ce but.

Comme j'ai eu occasion de le dire, trois genres de publications me paraissent devoir être préférés à tous les autres :

Ne traiter que des insectes d'une seule contrée;

Publier sur une seule famille tout ce que les diverses parties du globe nous ont fait connaître;

Ou, enfin, s'occuper de monographies.

J'adopterai la première forme pour faire paraître une sorte de Faune entomologique du Mexique, sous le titre de : *Coléoptères du Mexique*.

D'après mes avis, et sous ma direction, trois

de nos compatriotes [1] voyagent en ce pays, ce qui me place dans une position très-favorable pour l'accomplissement de cette entreprise.

Ma collection m'offre en ce moment 1000 espèces environ, provenant des deux premiers envois de nos voyageurs, et de ce que j'avais primitivement reçu de M. Alexandre Lesueur, qui, pendant un séjour de cinq années dans l'intérieur du Mexique, a formé l'une des plus belles collections que j'aie encore vues [2]. M. Dupont, qui l'a acquise, veut bien me permettre de décrire à-peu-près 500 espèces que je ne possède pas encore. Je profite de cette occasion pour faire un appel aux entomologistes qui auraient quelques communications à me faire, pour le complément de mon travail.

Pour faciliter autant que possible le nouvel enregistrement des espèces, à mesure de leur arrivée,

---

[1] Ces courageux naturalistes, M. Vasselet, Mme Ve Sallé et son fils, partirent en février 1831, dans le but d'être utiles à la science, dont ils ont de bonnes notions. Ils vont s'exposer à bien des fatigues et des privations en parcourant les diverses provinces de cette république, dont le climat est si varié.

[2] C'est aussi d'après les instructions que j'avais données à M. Lesueur, avant son départ, qu'il est parvenu à la former.

j'adopte une méthode simple; je décrirai chaque espèce sur une feuille isolée; cette feuille portera le titre de l'ouvrage, le nom du genre et de l'espèce, un numéro d'ordre par genre, à mesure de leur description, la province où elle aura été trouvée, la place que l'espèce doit occuper, l'énumération des tarses, et, autant que possible, le nom de la plante, telle qu'elle est appelée par les naturels.

Je vais recommander à nos chasseurs de me signaler les espèces qui causent le plus de préjudice aux plantes, arbres, etc. Peut-être appellerai-je l'attention des savans sur les moyens à employer pour paralyser leurs ravages.

Il est à regretter que nos voyageurs ne possèdent pas plus de connaissances en botanique; cela aurait pu m'être d'une grande ressource pour les noms à donner aux espèces qui vivent exclusivement de ces plantes; il arrive assez souvent que le nom qui conviendrait le mieux à une espèce inédite, soit pour désigner ses couleurs et sa forme, se trouve déjà employé.

Comme j'aurai sous les yeux un très-grand nombre d'individus, les variétés qui figurent si souvent dans les collections comme espèces pourront difficilement m'échapper, à cause des rapprochemens et passages que j'ai déjà été à même de reconnaître.

Lorsque je formerai un nouveau genre, je présenterai ses caractères le plus simplement possible, de manière à n'en omettre aucuns d'utiles, et à les faire ressortir de ceux de leurs congénères, et, autant que possible, j'en donnerai les dessins qui seront exécutés par M. Guérin, si connu par son rare talent. Si par suite le nombre des souscripteurs s'accroissait, j'augmenterais celui des planches.

Il est peu d'insectes dont nous retirons quelque utilité, et aussi je m'empresse de témoigner à nos voyageurs tous mes remercîmens, pour les renseignemens qu'ils m'ont donnés sur la *Cicindèle* qui sert aux Indiens des bords du Santonio à faire une liqueur, soit avec de l'eau, soit avec du tafiat; j'aurai souvent occasion de citer les observations curieuses qu'ils m'ont transmises.

Pour la synonymie, je la donnerai aussi complète que possible, ayant bien soin de prendre le nom le plus anciennement connu. Il est vraiment affligeant, qu'afin de s'épargner des recherches dans des ouvrages qui sont entre les mains de tout le monde, des personnes possédant de belles collections, poussent la négligence jusqu'à faire si souvent des espèces prétendues nouvelles. Je pourrais citer un assez grand nombre d'espèces décrites dans Fabricius, Germar et même Olivier qui a figuré ses espèces. Aussi doit-on s'attendre à des omissions de ce genre, pour des ouvrages moins généralement répandus. Pour peu que ce système continue et que les erreurs de cette nature se propagent, il n'y aura bientôt plus moyen de s'entendre, et lorsqu'il faudra enregistrer la synonymie d'une espèce, des pages entières ne suffiront plus. Pour obvier à l'inconvénient que je signale, lorsqu'il s'agira de décrire une nouvelle espèce, je prendrai de préférence le nom sous lequel cet insecte aura été répandu par envois; cependant, je ne saurais me soumettre à adopter cette marche sans exception. Pour les espèces et genres figurés et nommés sans descriptions, je suis d'avis de les conserver, ils sont toujours les plus faciles à reconnaître.

COLÉOPTÈRES DU MEXIQUE.

Pentamère.

1. OICEOPTOMA, *Leach.* (SILPHA, *Fab.*)

GRANIGERA, *Chevrolat.*

Magnitudine Sil. rugosæ, *sed omnino similis* Sil. lapponicæ; *nigra, depressa. Elytris cum 3 lineis apicem non attingentibus, interstitiis tuberculis globosis quadriseriatis; apice sinuatis, ad suturam productis.*

Long. 5 lin. Lat. 3 lin.

Semblable au *S. lapponica*. *Tête* moyenne, noire, finement ponctuée. On voit une petite ligne droite transversale au-dessus du labre, qui est un peu échancré. *Yeux* blancs. *Antennes* noires, avec les cinq derniers articles en massue. *Corselet* pointillé, très-échancré en avant, un peu par derrière, à peine rebordé sur les côtés et arrondis; légèrement sillonné au milieu, cendré, marqué de taches noires irrégulières. *Ecusson* large, triangulaire. *Elytres* planes avec quatre rangées de tubercules, mieux alignés et moins surchargés que dans les *lapponica*. La première côte près de la suture se termine par un crochet en dehors; celle du milieu est plus courte et finit à une élévation assez forte; elles sont toutes deux chargées de petits points. La 3e est à-peu-près de même longueur, mais très-saillante. Marge relevée, sinueuse à l'extrémité. Femelle.

Juin 1833.

COLÉOPTÈRES DU MEXIQUE.

Pentamère.

1. GYRINUS, *Lin.*

SUBLINEATUS, *Chevrolat.*

Exscutellatus; formæ Gyrini Natatoris, *sed quadruplo major; ellypticus medio convexus, marginatus, nigro-olivaceus, capite micanti; 4^{or} oculis albis; thorace transverso, antice posticeque sinuato, apice linea marginato; elytris lineis 16 sub-striatis, apice rotundatis; pedibus anticis longis, cum femoribus intus unidentatis, tarsis subtus planis, lutosis; corpore subtus niger; 4 pedibus posterioribus piceis; ano piloso.*

Long. 6 lin. Lat. 4 lin. — Mexica Bocadelmonte.
Donum Silbermannium.

Olivâtre, ellyptique, ayant sa bordure d'un brillant métallique. Pattes antérieures noires et cuisses unidentées au sommet intérieur. *Tête* large, lisse, brillante; chaperon allongé, coupé droit en avant, avec une ligne transversale au-dessus; labre de même couleur; il a quatre yeux blancs; antennes noires. *Corselet* transversal, échancré en avant, sinueux aux deux extrémités; les angles antérieurs avancés sur la tête. *Elytres* élargies au milieu, arrondies à l'extrémité, marquées chacune de huit à neuf lignes à peine indiquées, n'atteignant pas le sommet ; il est entièrement marginé ; cuisses antérieures longues , plus épaisses à la base (trochanters robustes) ; jambes droites , de même longueur , ayant une ligne longitudinale d'un côté , et une autre formée de poils courts ; tarses noirs en dessus , de même largeur dans toute leur étendue , garnis sur le côté de poils blancs courts ; le dessous est aplati et d'un blanc sale ; ils sont munis de crochets très-petits ; les quatre pattes de derrière de couleur de poix, brèves , rameuses , bi-triangulaires au sommet ; extrémité de l'abdomen velue.

Janvier 1833.

Pentamère.

1. LAMPETIS, *Dej.* (BUPRESTIS *Linne.*)

MONILIS, *Chevrolat.*

Confinis Bup. Compositæ, *Pal.* — *Bauv. Auro-viridis, lata, sub-convexa. Capite reticulato. Thorace punctato. Elytris apice bidentatis, costatis, interque costas lineis elevatis punctis flavescentibus interruptis. Sutura rubrofulgente.*

Long. 10 ½ lin. Lat. 4. Long elytr. 7 ½. — Bocadelmonte. Mus. D. de Romand.

Tête large, à côtes réticulées. *Yeux* jaunes, bordés de noir, oblongs, grands. *Antennes* d'un noir métallique. *Corselet* une fois et demie aussi large que haut, coupé droit en avant, cilié, sans angles, et s'arrondissant en dessous; un peu élargi vers les côtés postérieurs, avancé un tant soit peu en arrière; avec deux points. *Ecusson* très-petit, transverse. *Elytres* larges diminuant insensiblement vers l'extrémité; entre les côtes, il y a quatre rangées de petites lignes élevées, séparées par un fond d'un jaune pubescent; marge avancée près de l'épaule. Cuisses brèves, très-ponctuées; jambes postérieures du double plus longues, bi-épineuses au sommet; tarses triangulaires, velus, creusés en dessous; corps d'un rouge cuivreux.

Janvier 1833.

COLÉOPTÈRES DU MEXIQUE.

Pentamère.

1. HYDATICUS, *Esch.* (DYTISCUS, *Linné.*)

FLAVOMACULATUS, *Chevrolat.*

Ellypticus, niger, statura Dit. Festivi, *Ill., dimidio capitis flavo, vertice nigro, cum semicirculo ejusdem coloris; thoracis lateribus, lineaque transversa, medio interrupta, et elytris 22 maculis, flavis (quinque suturalibus et quatuor margine adnexis); subtus rubidus.*

Long. 6 lin. Lat. 3 ½. — Orixaba. Mus. de Romand.

Noir. *Antennes* jaunes; yeux pâles, picotés de noir; l'extrémité de la ligne transverse du corselet recourbée. *Elytres* guillochées; 3e tache près de la suture large, 2e au centre, près de la base, et l'une très-petite, en regard des deux premières; derrière de la marge bifide. Trochanter des pattes postérieures court, à pointe mousse.

Janvier 1833.

COLÉOPTÈRES DU MEXIQUE.

Tétramère.

1. CHRYSOMELA, *Linné.*

20-MACULATA, *Chevr.*

Elongata; sub-depressa, rufa atque punctata. In coleopteris 20 *maculis flavis, quarum quinque marginalibus.*

Long. 4 ½ lin. Lat. 3 lin.

Rousse. *Tête* ponctuée, impressionnée en Y. Labre, palpes, antennes et pattes d'une couleur plus claire que le dessus du corps. *Corselet* transverse, échancré en avant, tronqué en arrière, avancé un tant soit peu sur l'écusson, un peu arrondi; côtés presque droits; il est profondément ponctué. *Ecusson* long, arrondi. *Elytres* ayant dix taches d'un beau jaune : cinq marginales, quatre près de la suture et une au milieu, entre ces deux rangées; elles sont ponctuées irrégulièrement, et ont près de la base des stries sinueuses. Marge et suture impressionnées; le dessous du corps est d'un bleu verdâtre.

Juin 1833.

COLÉOPTÈRES DU MEXIQUE.

Pentamère.

1. ACMÆODERA, *Eschh.* (BUPRESTIS *Linné.*)

LATERALIS, *Chevrolat.*

Valde affinis B. Flavo-maculatæ, *Gray; cuprea, hirta, punctata, exscutellata; sub-acuminata. Elytris violaceis punctato-striatis, macula obliqua laterali, notisque plurimis apice flavis.*

Long. 5 lin. Lat. 8 lin. — Tehuacan. Mus. D. de Romand.

Velue. *Tête* très-ponctuée; yeux jaunâtres. *Corselet* échancré en avant, à bordure canelée en arrière, arrondi sur les côtés, transverse, avec une ligne au milieu qui se termine en un enfoncement; métallique obscur. Place de l'écusson profonde; petite strie courte près de là; les quatre premières stries réunies par deux à la base; épaule un peu élevée; dessous du corps d'une couleur plus claire.

Janvier 1833.

Pentamère.

1. CHALCOLEPIDIUS, *Esch.* (ELATER, *Fabr.*)
ESCHSCHOLTZII, *Chevrolat.*

Latissimus, nigro-æruginosus; thorace rugato, elytris costatis, striatis, omnino cinnabare marginatus; subtus æruginosus.

Long. 18 ½ lin. 15. Lat. 7 ¼ 6 l. — Yochico. Mus. D. de Rom.

D'un noir vert de gris, semblable à l'*El. porcatus*, Fab. *Tête* creusée en dessus, relevée en avant. *Corselet* ridé, un peu rétréci antérieurement, rebordé sur les côtés avec une ligne élevée au milieu; fourchu sur l'écusson. *Elytres* à six stries ponctuées; entièrement marginé d'un duvet rougeâtre. *Pattes* et antennes noires. Extrémité de l'abdomen tronquée, couverte de poils rudes.

J'ai dédié cette espèce magnifique au savant auquel nous devons une classification sur la famille des *Elatérides*, et dont nous avons à déplorer la perte prématurée.

M. Lesueur a trouvé cette espèce assez abondamment sur les bois nouvellement coupés.

Janvier 1833.

COLÉOPTÈRES DU MEXIQUE.

Pentamère.

1. PHOTINUS, *Lap.* (LAMPYRIS, *Fabr.*)

CONGRUA, *Chevrolat.*

Magnitudine L. Appendiculatœ, *Germ., sed latior; fusca. Thorace semi-circulari; cum lateribus, articulis antennarum apice, scutello, lineis tribus in singulo elytro, abdomine in extremo, pedibusque basi flavis.*

Long. 8 lin. Lat. 3 ½. — Mus. D. de Romand.

Noirâtre. *Tête* enfoncée. *Corselet* d'un rose clair en dessous, jaune en dessus, obscur au milieu, creusé sur les côtés, bords relevés; coupé droit par derrière. *Elytres* plus larges que le corselet, allongées, arrondies à l'extrémité, poreuses, abaissées à l'épaule; 1re ligne, près de la suture, courte, 3e placée dans l'enfoncement de la marge. Les trois derniers segmens de l'abdomen traversés de jaune.

Janvier 1833.

Pentamère.

1. EUCAMPTUS [1], *Chevr.* (PERICALUS, *Encycl.* ELATER, *Fab.*)

CUSPIDATUS, *Chevrolat.*

Flavus, deflexus. Capite rubido. Thorace lateribus anticis, puncto impressissimo, macula lata longitudinali infra scutellum in mucronem desinente. Elytris 4^{or} *striis duplicatis, stria marginali profunda, apice bidentatis, corpore subtus rubido, cum margine nigra. Pedibus nigris.*

Long. 17. lin. Lat. 5 lin. — Zongolica. Mus. D. de Romand.

Jaune. *Tête* ponctuée, creusée en dessus, élevée antérieurement des deux côtés, avec une pointe adhérente avancée, marquée d'une tache à son sommet; yeux et antennes noirs, les deux premiers articles rouges. *Corselet* une fois et demie plus long que large, rétréci au-devant, échancré droit; angles avancés; côtés relevés, angles postérieurs de la largeur des élytres, guillochés de points; la bande noire n'atteint pas le bord antérieur. *Ecusson* large, de forme arrondie. *Elytres* déprimées près de l'épaule, un peu atténuées vers l'extrémité; pointe extérieure longue; base des pattes rouges.

Janvier 1833.

---

[1] Le nom de *Pericalus* ayant été donné primitivement par M. Mac Leay, à un genre de Carabique et employé depuis dans l'*Encyclopédie*, j'ai été obligé de le changer.

COLÉOPTÈRES DU MEXIQUE.

Pentamère.

1. BELIONOTA? *Esch. an nov. genus?* (BUPRESTIS *Linné.*)

CHALYBEITARSIS, *Chevrolat.*

B. Canaliculatæ, *F. similis. Ærea, punctata. Capite aurato, cum circulo purpureo, profunde bifoveato in medio. Antennis tarsisque cyaneis. Thorace sex-angulato, depresso, arcuatim subcostato latitudine postica. Elytris serratis, 5 costatis, intervallo confertissime punctato, medio subtus nitidiore.*

Long. 10 lin. Lat. 3 ½ lin. — Bocadelmonte. Mus. D. de Rom.

De couleur de bronze. *Yeux* grands, presque réunis au sommet. *Tête* ponctuée; les deux impressions du cercle à fond métallique. Troisième article des antennes long, suivans triangulaires. *Corselet* ponctué, coupé droit en avant, un peu sinueux par derrière, déprimé, bord postérieur élevé et transverse. *Ecusson* allongé, triangulaire, doré. *Elytres* relevées vers cet endroit, coupées subitement de côté; 1re côte réunie aussitôt à la suture, 2e ainsi que la 5e arrivant près de l'extrémité, 3e courte, 4e guère plus longue. Cuisses brèves, guillochées, antérieures épineuses, jambes presque du double plus longues; 3e tarse fendu et effilé d'une manière extraordinaire; côtés de l'abdomen en scie; dernier segment tronqué.

Janvier 1833.

Pentamère.

I. NOTOXUS? *Fab.*

CYLINDRICOLLIS, *Chevrolat.*

Fuscus, pilosus. Thorace obscuro, cylindrico, lateribus compressis. Elytris basi truncatis. Thorace lateribus 9 striatis, quadrato-punctatis; apice lævi. Palpis, pedibus et abdomine flavis.

Long. 9 mill. Lat 3. — Orixaba.

Tête longue, fauve, ponctuée finement, avec une impression droite en avant, remontant vers les yeux, couverte de poils cendrés. *Yeux* latéraux assez gros, très-réticulés, noirs. *Corselet* trois fois plus long que large, cylindrique, très-large près de la tête, tronqué obliquement en avant, légèrement marginé en arrière, comprimé sur les côtés et en dessous à l'insertion des pattes antérieures; il est obscur. *Ecusson* arrondi. *Elytres* larges à leur base, parallèles, arrondies à l'extrémité, avec neuf stries chacune, formées de points en carré, très-impressionnés à la base. Extrémité lisse. *Cuisses* en massue, longues. Les *antennes* sont de la longueur d'une élytre, à articles allongés et de même grosseur; le dernier allongé, terminé en pointe.

Juin 1833.

COLÉOPTÈRES DU MEXIQUE.

Pentamère.

1. CLERUS, *Fabr.*

BOMBYCINUS, *Chevrolat.*

Magnitudine et formâ Cl. formicarii. *Punctatus, rufus. Thorace globoso, subaurato. Elytris rubris, apice luteolo, ultra medium fasciâ sinuosâ subalbidâ ornatis. Pedibus fuscis.*

Long. 8 mill. Lat. 3 mill. — Orizaba.

Rousse. *Tête* arrondie, jaunâtre; mandibules noires. *Yeux* gris. *Antennes* fauves, de 11 articles, assez comprimés, le dernier gros, pointu. *Corselet* globuleux, rétréci postérieurement, tronqué aux deux extrémités, d'un jaune verdâtre, doré, velu, traversé au centre par des touffes de poils noirs. *Elytres* granuleuses, couleur de brique, avec une bande flexueuse, blanchâtre, au-delà du milieu, une autre d'un roux foncé, et l'extrémité jaunâtre; les angles de la suture à son extrémité sont obliquement brunâtres.

Juin 1833.

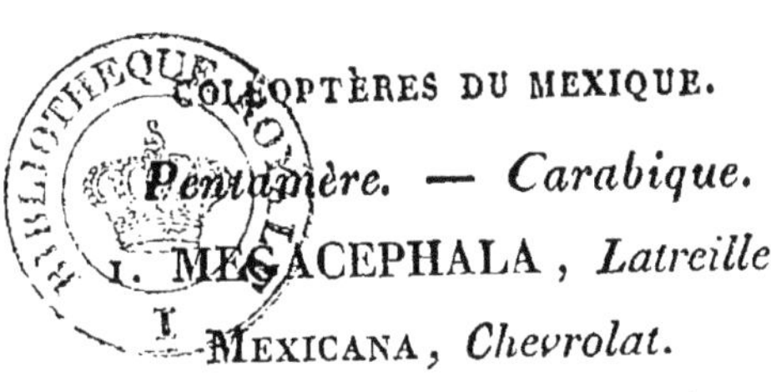

COLÉOPTÈRES DU MEXIQUE.

Pentamère. — Carabique.

1. MEGACEPHALA, *Latreille.*

1. MEXICANA, *Chevrolat.*

Idem, *Gray (in the Animal Kingdom*, vol. 14, pag. 263, pl. 29, fig. 1. London, 1832.)

Obscure-viridis. Palpis mandibulis, antennis pedibus, cum macula apicali in elytris, anoque; flavis. Dentibus mandibularum, 1°, 2°, 3°, 4° *articulis antennarum intus nigro limbatis*, 3°, 4° *articulo ante apicem nigro annulatis. Genubus tibiisque in extremitate nigricantibus. Coleopteris basi vage et remote punctatis, apice laevibus.*

Long. 17 mil. Lat. 6 mil. ♀ — Mexico.

Aptère. Grandeur de la *M. brasiliensis*, Dej. et ponctuée comme la *C. Virginica*, F. *Lèvre* jaune, transverse, à quatre dentelures, les deux internes réunies et plus allongées; on voit près de leur bord quatre points enfoncés d'où partent quatre poils longs. La mandibule droite avec quatre, la gauche à trois longues dents noirâtres. *Tête* lisse, finement crevassée, vue à la loupe, bi-impressionnée entre les antennes, ayant deux à trois rides au-dessus des yeux; chaperon échancré obliquement sur la tête, ayant une ligne impressionnée en avant de la marge : près de cette ligne trois points enfoncés. *Yeux* fauves, tiquetés de noir.

Corselet arrondi sur la tête et légèrement canelé et velu en marge, sinueux et avancé en s'arrondissant sur la place de l'écusson, ayant un sillon transverse et oblique près de sa partie antérieure, un à la base, et une ligne longitudinales, tous trois très-enfoncés; il a deux rebords sur le côté et un en arrière; un petit sillon est placé à la base inférieure. *Elytres* un peu plus larges que la tête, s'arrondissant à leur sommet et sur la suture, l'extrémité de celle-ci un peu angulaire; elles sont à peine ponctuées, les points près de l'épaule sont plus prononcés, ils disparaissent insensiblement jusque vers le milieu; l'autre moitié est lisse, d'un noir verdâtre; tache apicale d'un jaune obscur, atténuée à l'extrémité, élargie vert le haut; marge rebordée et ponctuée jusqu'aux deux tiers. *Pattes* et *antennes* jaunâtres, ainsi que les trochanters; le noir des genoux est plus étendu que dans la *geniculata*, le sommet des jambes et des 2e, 3e et 4e articles des antennes sont de couleur noirâtre; dessous du corps d'un vert bleuâtre. *Abdomen* finement ridé et d'une manière serrée; les quatre derniers segmens fauves sur le côté.

Je dois cette belle espèce à la générosité de M. Höpfner, de Darmstadt qui l'avait nommée aussi *Mexicana*; elle se place près de la *Virginica* et de la *Lebasii*, Dej.

(2e fascicule. Mars 1834.)

Pentamère. — Carabique.

2. MEGACEPHALA, *Latreille.*

GENICULATA, *Chevrolat.*

Nitida, cupreo-viridis, lateribus cyanea dorso rubra. Mandibulis, antennis, pedibus, cum macula apicali in elytris, anoque flavis. Dentibus mandibularum; 2°, 3°, 4° *articulis antennarum apice nigris. Genubus fuscescentibus.*

Long. 14 ½ — 15 mil. Lat. 6 ½ — 7 mil. — Véra-Cruz.

Très-voisine de la *Meg. Carolina*, Fab., mais plus petite et plus brillante. Aptère. *Lèvre* ayant sur son bord quatre points enfoncés de chacun desquels part un long poil abaissé. Ces points sont plus espacés entre eux que dans la première espèce. Les quatre dentelures de la marge sont un peu plus allongées, les deux internes réunies par la base; elle est proportionnellement plus large, plus lisse, d'un jaune blanchâtre, ainsi que les mandibules; les quatre dents de ces dernières noires. *Tête* brillante, légèrement ridée, un peu plus le long et derrière les yeux; ayant un sillon très-court à l'occiput; faiblement impressionnée entre les antennes et atténuée d'un œil à l'autre en arrière de ceux-ci; elle est beaucoup plus large et applatie que dans celle des Etats-Unis; les yeux sont aussi plus saillans. *Chaperon* échancré angulairement sur la tête, bisillonné sur le bord. *Antennes* atteignant la tache des élytres, pâles, avec les 2e, 3e et 4e articles noirs un peu avant leur sommet; le noir longe le côté interne de ces trois articles. *Corselet* comme dans la *Carolina*, traversé un peu en avant des deux extrémités par deux sillons, et marqué au milieu d'une ligne longitudinale, tous trois très-profonds; celles du sommet paraissent avoir une inclinaison plus prononcée à leur réunion. *Ecusson* nul. *Elytres* arrondies à l'épaule et à l'extrémité; dans l'espèce comparative on voit une petite saillie angulaire près de l'angle sutural, qui n'existe pas dans celles-ci; chargées d'un plus grand nombre de points enfoncés, irréguliers et rugueux; ils se multiplient davantage et deviennent granuleux près de l'épaule et de la marge; quelques lignes transverses s'aperçoivent à la base de quelques-uns. Dos et suture d'un rouge cuivreux; côtés verts; dessus de la tache d'un noir bleuâtre; cette partie est peu ponctuée, ondée de dentelures aplaties. Lunule constamment plus pâle que dans la *Carolina*, arrondie à son sommet; elle occupe tout l'extérieur de l'élytre, et est plus atténuée vers l'extrémité de la suture. Trochanters et *pattes* jaunes pâles. Genoux noirâtres en dessous; ceux des pattes antérieures le sont à peine. Dessous du corps vert, avec quelques parties de la poitrine bleuâtres; les bords des 3e, 4e, presque la totalité du 5e et le 6e segmens jaunes.

Elle vient se placer avant la *Sobrina* de Dejean, avec laquelle elle a les plus grands rapports.

(2e fascicule. Mars 1834.)

Pentamère. — Carabique.

1. CICINDELA, *Fabr.*

CYANIVENTRIS, *Chevrolat.*

Nigro-opaca. Mandibulis (apice excepto) labioque flavis. Thorace tribus sulcis impresso. Elytris cum numerosis notulis rotundatis, majoribusque plurimis in apice versus suturam. Pedibus metallicis, corpore subtus cyaneo.

Long. 11 mil. Lat. 4 mil.

Elle a la forme des *Cic. Sex-guttata* et *Punctulata* de Fabricius. Noire en dessus; bleue en dessous. *Palpes* verts; labiaux jaunes, avec le dernier article vert. *Lèvre* jaune, avancée, arrondie, dentelée et noirâtre sur ses bords; surmontée de huit à neuf points peu enfoncés, garnis de poils assez longs. *Chaperon* évasé angulairement sur la tête, traversé en dessus d'une antenne à l'autre par une ligne. *Yeux* noirâtres au centre, obscurs; leur rebord en dessus d'un rouge foncé métallique. *Tête* très-ridée entre les yeux, également ridée en dessous, un peu métallique en devant. *Corselet* plus long que large, arrondi cylindriquement sur la tête, coupé droit en arrière; et sur les côtés au milieu, moins large vers les angles; marge latérale ponctuée et cintrée; le dessous est uni et violet; sillons transversaux assez éloignés des bords, surtout l'antérieur; tous deux flexueux; celui de la tête rentre angulairement sur la ligne longitudinale; ils sont étroits et peu profonds. *Ecusson* arrondi en arrière, bleuâtre. *Elytres* légèrement convexes, plus larges que le corselet, arrondies sur l'épaule et à l'extrémité; la suture a une petite pointe relevée; épaule élevée et ayant une impression allongée; elles sont marquées d'un grand nombre de taches grises, arrondies, cinq un peu plus grandes sont placées, quatre sur une ligne proche de la suture, 5e en regard de la 4e et en dehors. Marge à peine rebordée. *Pattes* hérissées de poils blancs. *Cuisses* d'un cuivreux métallique; les quatre postérieures bleues à la base, vertes en dedans. *Jambes* vertes, un peu cuivreuses en arrière; tarses d'un vert noirâtre; les trois premiers articles des antérieures fort longs et assez dilatés. *Tête* verte endessous, base du corselet et épaule nuancées de diverses couleurs métalliques. Côtés couverts de quelques poils. Mâle.

Cette espèce a été rapportée par M. Alexandre Lesueur, qui l'a trouvée à Ojochico, près Cordova, au bord d'une rivière.

Juin 1833.

(2e fascicule. Mars 1834.)

Pentamère. — Carabique.

2. CICINDELA, *Fabr.*

FLAVO-PUNCTATA, *Chevrolat.*

Punctulata, obscura. Labio, mandibulisque flavis. Capite rugato, rubro-æneo; thorace eodem colore cum tribus sulcis impressis cyaneis. Elytris quinque punctis flavis in singulo coleoptero. Margine viridula suturaque rubro fulgente.

Long. 11 mil. Lat. 4 mil.

Voisine de la *Punctulata* de Fabr., près de laquelle elle doit se placer. *Lèvre* avancée et arrondie, jaune, ayant en marge six points enfoncés, garnis de poils. *Palpes* verts, labiaux jaunes n'ayant que le dernier article vert. *Chaperon* un peu cintré sur la tête, surmonté d'une ligne enfoncée d'une antenne à l'autre. *Antennes* avec les quatre premiers articles d'un vert bleuâtre, suivans cendrés; le 3e article est un peu arqué. *Yeux* gros, noirâtres. *Tête* ridée finement en dessus entre les yeux et marquée de deux petites lignes vertes. *Corselet* court, un peu plus long que large, cylindrique sur la tête, tronqué aux extrémités et d'un rouge vif; il a deux sillons transversaux, assez éloignés des bords, tous deux s'avançant angulairement vers le centre et réunis à la ligne longitudinale, et sont tous impressionnés; les côtés ont un rebord arqué vers l'angle antérieur, le postérieur est élevé et brillant. *Ecusson* triangulaire. *Elytres* plus larges que le corselet, arrondies à l'épaule et à l'extrémité, convexes; base déprimée au-dessus de l'épaule; chaque étui a cinq taches rondes, disposées ainsi: 1re sur l'épaule; 2e et 3e l'une au-dessous de l'autre; 4e au-delà du milieu plus rapprochée de la suture; 5e près de l'angle extérieur. Extrémité finement dentée; suture à peine épineuse. Les *pattes* et le milieu du corps verts; côtés couverts de quelques poils blancs; abdomen d'un bleu violacé, ayant ses derniers segmens d'un rouge suffrané.

Le fond de la couleur des élytres est d'un rouge plus ou moins brillant; elles sont tiquetées de points bleus à cercles verts.

Envoi de MM. Sallé et Vasselet.

Juin 1833.

(2e fascicule. Mars 1834.)

3. CICINDELA, *Fabr.*

Pentamère. — Carabique.

ROSEIVENTRIS, *Chevrolat.*

Cinereo-viridis. Labio mandibulisque lateribus, flavis. Thorace sub-cylindrico, tribus lineis caeruleis, impresso. Elytris cum lunula humerali integra, fascia protensa usque ad medium, puncto infra pone suturam aliquoties fasciæ juncta, margine extensa usque ad angulum externum, punctoque apicali flavis. Scutello suturaque æneo fulgentibus. Corpore subtus medio violaceo, piloso lateribus. Ano rhodino.

Var. α. *Fascia aliquoties oblique extensa.*

Var. β. *Margine abbreviata infra lunulam fasciamque.*

Long. 12 — 12 ½ mil. Lat. 5 mil. — Quadam in insula fluminis nomine Santorio, abundè reperta.

Cette espèce offre dans la disposition des dessins des élytres un grand nombre de variétés; elles sont le plus souvent parallèles, quelquefois aussi elles s'élargissent au-dessous de la lunule et sont très-arrondies latéralement. *Lèvre* jaune, avancée, noirâtre seulement, et dentée sur ses bords; plus arrondie dans la femelle; ayant au centre quatre points en marge également distans et un de chaque côté près de l'angle. *Mandibules* longues, très-aiguës et arquées, vertes, jaunes latéralement à la base; la droite munie intérieurement de deux dents noires, la gauche de trois. *Palpes* verts, les labiaux jaunes, avec le dernier article vert, brunâtres. *Antennes*, les quatre premiers articles verts. *Yeux* saillans, aplatis. *Chaperon* échancré presque angulairement sur la tête, vert foncé jusque sur la ligne transversale. *Tête* d'un rougeâtre cuivreux, granuleuse, à peine ridée entre les yeux, élargie, creusée et légèrement élevée sur le front; la marge supérieure des yeux, ainsi que les côtés de la base des antennes d'un vert métallique très-brillant. *Corselet* beaucoup plus long que large, cylindrique sur la tête, faiblement atténué antérieurement, coupé presque droit à la base; le sillon antérieur éloigné du sommet, angulairement avancé sur la ligne longitudinale, postérieur profond et oblique sur le côté, droit dans son milieu; tous trois assez impressionnés et bleuâtres. *Ecusson* triangulaire. *Elytres* presque du double plus larges que le corselet, convexes, s'élargissant vers le milieu, coupées obliquement sur l'angle extérieur; l'extrémité est finement dentée et brillante; suture munie d'une petite épine; la lunule humérale part extérieurement de l'angle du corselet et est un peu plus avancée à son extrémité; bande droite jusqu'à leur milieu, réunie obliquement au point arrondi placé en dessous près de la suture; quelquefois ce point en est séparé, d'autrefois aussi la bande se prolonge davantage en dessous d'une manière oblique ; la marge atteint le sommet de l'angle extérieur, et une tache arrondie est placée en dessous ; toutes sont jaunes ; la ponctuation en est assez multipliée, sans être profonde et est tiquetée. Suture saillante ; marge rebordée et verte, ayant des points en strie plus ou moins éloignés. Milieu du corps d'un rouge violacé ; côtés largement couverts de poils ; derniers segmens de l'abdomen d'une couleur rose.

Cette espèce, qui a probablement une odeur analogue à notre *Campestris*, sert aux Indiens, qui la font infuser dans du tafiat, à faire une liqueur d'un goût fort agréable. Elle se rapproche, quant à la description, de la *Klugii* de Dejean ; mais dans cette dernière, sa taille qui est au-dessous de la *Scalaris*, et son corselet plus court que large, la font distinguer aisément de la nôtre.

Juin 1833.

Pentamère. — Carabique.

4. CICINDELA, *Fabr.*

FERA, *Chevrolat.*

Simillima C. Albohirtæ, Dej. *sed thorace alio. Punctulata, griseo-sub-metallica. Thorace brevi, quadrato, piloso lateribus, tribus sulcis metallicis impresso. Elytris latescentibus usque ad apicem, cum lunala humerali, et apicali; integris: fascia versus medium in hamum recurvata pone suturam, et margine interrupta apice flavis: margine apicali cyanea, serratissima. Sutura rubro fulgente, acuta.*

Long. 13 mil. Lat. 5 ½ mil. — Toulepeck.

Cette espèce a les dessins de l'*Albohirta*. *Mandibules* fort longues, arquées et aiguës, vertes au milieu, noires à l'extrémité et jaunes sur le côté. La droite armée intérieurement de deux dents, celle de gauche en a trois. *Palpes* jaunâtres, derniers articles verts. *Lèvre* avancée, arrondie latéralement, coupée droit au devant, munie dans son milieu d'une dent aiguë, et ayant un grand nombre de points garnis de poils. *Chaperon* à peine échancré, surmonté d'une ligne transverse. *Antennes* noirâtres, les cinq premiers articles verts. *Yeux* saillans, blanchâtres; leur rebord supérieur d'un vert brillant. *Tête* finement ridée dans sa longueur, rétrécie derrière les yeux. *Corselet* rougeâtre, plus allongé que celui de l'*Albohirta*; les deux sillons transversaux éloignés des bords, celui antérieur partant de l'angle, sinueux, un peu au-delà s'avançant angulairement et réuni à la ligne longitudinale ; ils sont enfoncés et bleuâtres. Les angles postérieurs se recourbent sur la dépression basale de l'élytre, les côtés sont couverts de quelques poils blancs clairs semés, d'égale longueur et leur rebord latéral est un peu arqué, vu en dessous. *Ecusson* petit, triangulaire. *Elytres* légèrement convexes, arrondies sur l'épaule et à l'extrémité, atténuées au-delà de la lunule, et s'élargissant jusqu'au sommet. Suture élevée. La lunule part de l'angle du corselet, se recourbe en dessous et est plus avancée ; la bande qui est placée au-delà du milieu se dirige perpendiculairement en hameçon ; son sommet avoisine la suture, la marge est interrompue entre cette dernière et la tache apicale ; milieu du corps en dessous d'un vert métallique brillant, côtés couverts de poils blancs très-épais. *Pattes* de même couleur, hérissées de poils, derniers segmens de l'abdomen d'un jaune rougeâtre.

Les différences suivantes s'observent entre les deux espèces : celle des Etats-Unis a les élytres ponctuées granuleusement, dans la nôtre, au contraire, la ponctuation est peu impressionnée, la lèvre est arrondie ; dans la deuxième, coupée carément ; les élytres sont plus convexes et parallèles, dans *l'Albohirta ;* le corselet est aussi plus court.

Elle était seule dans l'envoi de MM. Sallé et Vasselet et se trouvait parmi un grand nombre d'individus de la *C. Roseiventris.*

(2e fascicule. Mars 1834.)

Pentamère. — Carabique.

5. CICINDELA, *Fabr.*

CURVATA, *Chevrolat.*

Forma Cic. longipedis, F.; *subgranulata, viridi-obscura. Capite depresso in fronte. Thorace subconico, valde piloso infra lateribusque, sulcato basi, vix apice, linea longitudinali tenue. Elytris oblongo-ovalibus, lunula humerali et apicali margine adnexis fasciisque duabus flavis : fascia prima e lunula nascente, transversa et inflexa recte pone suturam : secunda desinente subito in hamum. Corpore subtus complanato, marginibus pilosis. Pedibus posticis modice longis.*

Long. 9 mil. Lat. 3 ½ mil.

Palpes jaunes; dernier article vert. *Mandibules* longues et arquées, jaunes, vertes à partir de leur milieu jusqu'au sommet. *Lèvre* jaune, avancée, droite en avant et sur les côtés; munie sur ses bords de quatre points au centre et de deux latéraux. *Yeux* aplatis et saillans, obscurs, tiquetés de noir. *Antennes* brunâtres; les quatre premiers articles d'un vert métallique. *Chaperon* un peu évasé sur la tête; la ligne qui le surmonte est arquée et peu apparente. *Tête* finement ridée, surtout entre les yeux, d'un vert métallique. *Corselet* convexe, coupé droit aux extrémités; la base est beaucoup plus large; des deux sillons l'antérieur est trianguliforme placé sur son bord, transversalement rugueux au centre; celui de la base droit et profond près de la marge; ils sont rougeâtres extérieurement; ligne longitudinale peu visible, le dessous est couvert de poils blancs très-épais et qui forment une sorte de faisseau au-dessous des yeux, le long de la tête; les côtés latéraux et un peu du bord antérieur couverts de poils blancs courts et hérissés. *Ecusson* d'un triangulaire arrondi, grand. *Elytres* abaissées sur les côtés, peu convexes, ovales; l'angle extérieur coupé obliquement et arrondi sur la suture; marge non interrompue, assez large; la lunule humérale commençant à l'angle du corselet, disposée à son extrémité en une bande un peu oblique, qui n'atteint pas la suture et forme quelquefois un coude qui lui est parallèle; 2e disposée près de leur milieu en hameçon perpendiculaire; son extrémité se recourbe étroitement près de la suture; la lunule apicale forme une petite saillie en dehors de la marge; au-dessous de l'épaule est une dépression sur laquelle il y a deux stries en ovale formées de points, on voit aussi sur chaque une ligne de points éloignés qui s'arrête sur l'hameçon. *Pattes* vertes; les quatre antérieures renflées à leur naissance, couvertes en dessous de poils blancs très-épais; postérieures longues; crochets grêles, longs et divergens. Côtés du corps couverts de poils blancs qui s'étendent jusqu'à la naissance des pattes; milieu vert. Le corselet est arrondi dans le mâle, tandis qu'il est d'un conique tronqué dans le femelle.

Elle doit se placer près de la *Chlorocephala*. Envoi de Sallé et Vasselet.

(2e fascicule. Mars 1834.)

Pentamère. — Carabique.

6. CICINDELA, *Fabr.*

CHLOROCEPHALA, *Chevrolat.*

Punctulata, griseo-obscura. Capite viridi. Thorace granulato, viridi, lateribus piloso. Elytris lunula humerali integra, fascia margine adnexa recurvata perpendiculariter in medio, lunulaque, apicali albis. Pedibus viridibus, posticis unguiculisque longissimis. Corpore subtus viridi, lateribus piloso.

Long. 8 mil. Lat. 3 mil.

Très-voisine pour la forme de la *C. Longipes* de Fabr., mais ayant à-peu-près les dessins de la *Sinuata* du même auteur. *Palpes* jaunes, hérissés de poils blancs, avec le dernier article vert. *Mandibules* longues et arquées, jaunes, vertes à l'extrémité. *Lèvre* d'un blanc jaune, avancée, large et sans dentelure, munie d'une petite épine noire dans son milieu. *Antennes* vertes, très-velues. Cinquième article roux à la base, épineux. Derniers d'un noir terne. *Tête* ridée longitudinalement et obliquement sur les côtés, verte, creusée en-dessus. *Yeux* comprimés, très-renflés plus rapprochés sur le devant. *Corselet* court, d'une forme à-peu-près carrée, arrondi sur le côté, aplati, cependant un peu convexe au milieu, tronqué aux extrémités, ayant une légère dépression à sa base et une ligne longitudinale peu marquée, vert obscur, couvert de poils cotonneux sur les côtés. *Ecusson* d'un vert brillant, assez large et aigü. *Elytres* guère plus larges que le corselet, parallèles, un peu élargies vers le sommet; s'arrondissant obliquement à l'extrémité, d'un gris foncé, à fond métallique; leur ponctuation assez éloignée et profonde; suture terminée par une très-petite épine; la marge n'est interrompue qu'au-dessous de la lunule humérale. Cette dernière est entière, suit la base en partant de l'écusson et se recourbe en dessous de la même longueur; la marge s'élargit vers leur milieu et offre une bande transverse qui descend perpendiculairement et se recourbe à l'extrémité près de la suture. La lunule apicale est bifide et avancée à l'angle extérieur, et est presque détachée de la marge; ces divers dessins sont d'un blanc net. Corps en dessous très-aplati, d'un vert brillant, ayant les côtés couverts de poils blancs et épais. *Cuisses* antérieures renflées à leur base, postérieures très-allongées, vertes et velues, jambes et tarses noires; ces derniers et les crochets très-longs.

Mâle. Cette jolie espèce qui se trouvait unique dans l'envoi de Tacotalpa, fait par MM. Sallé et Vasselet, doit venir se placer après la *Longipes*.

Juin 1833.

(2e fascicule. Mars 1834.)

Pentamère. — Carabique.

7. CICINDELA, *Fab.*

VASSELETI, *Chevrolat.*

Iridinis coloribus variata. Obscure rubra oculo nudo inspecta. Capite thoraceque rubro fulgentibus et azureo signatis. Thorace cylindrico, tribus sulcis rectis cyaneis. Elytris apiatis, cum zona longitudinali flexuosa ex humero nascente. Mandibulisque, antennis basi, pedibus, pectoreque in medio viridibus. Corpore thoraceque lateribus pilosis.

Long. 13 mil. Lat. 4 ½ mill. — Véra-Cruz.

Cette jolie Cicindèle offre, dans le mélange de ses couleurs, le rouge, le bleu et le vert vifs plus ou moins foncés. *Palpes* jaunâtres; les deux derniers articles verts, le terminal des labiaux seulement de cette couleur. *Mandibules* longues, plus grandes dans le mâle, jaunes sur le côté et un peu en-dessus; vertes, avec les dents noires; la droite en a quatre, la gauche cinq. *Lèvre* droite latéralement, ayant une dent très-avancée dans son milieu; élevée longitudinalement : huit points noirs et enfoncés, dont six au centre, deux près des angles, munis chacun d'un poil, sont placés près de la marge; jaune, sa base est bleue ou verte, avec son rebord antérieur noir. *Cha-*

peron un peu anguleux en dedans, surmonté d'une ligne transverse impressionnée. *Tête* allongée, assez étroite, ridée entre et le long des yeux, métallique en avant des antennes, d'un rouge vif mélangé de verdâtre; deux lignes frontales prolongées jusqu'en avant; derrière des yeux et dessous bleus. Yeux arrondis, plus gros en dessous; pâles, leur rebord supérieur d'un métallique obscur, ayant un point enfoncé au-delà du milieu. *Antennes* brunâtres; les quatre premiers articles verts, violacés à la base et au sommet. *Corselet* cylindrique, un peu plus long que large, arrondi sur la tête, un peu sinueux à sa base, d'un rouge très-vif aux extrémités et près des côtés; les deux sillons transversaux peu profonds et la ligne bleus; celui de la base remonte un peu vers le bord, sans l'atteindre, et est plus enfoncé à cette place. Marge ponctuée, bleue, couverte de légers poils, côtés en dessous avec une plaque arrondie d'un doré métallique; son milieu est d'un bleu d'azur. *Ecusson* petit, triangulaire. *Elytres* abaissées sur les côtés, base à-peu-près tronquée, marge presque droite, un peu arrondie vers le milieu; elles sont coupées obliquement et finement dentées de l'angle à la suture. Une ligne longitudinale part de l'épaule, forme un coude sur la suture vers le milieu et se termine obliquement près de l'extrémité de cette dernière. Cette ligne est verte intérieurement avec tout le dos d'un rougeâtre vif; un grand nombre de paillettes vertes en ressort; sur son bord extérieur elle est couverte de guttules bleues très-rapprochées, et le fond de la couleur, entre celle-ci et la marge est d'un rouge jaunâtre beaucoup plus clair que le dos, tiqueté de paillettes bleues. Suture élevée à son sommet. Marge faible. Le milieu du *corps* en-dessous est brillant, d'un vert bleuâtre de même que les côtés, ces derniers velus, côtés de la poitrine comme ceux du corselet. *Cuisses* d'un cuivreux doré hérissées de poils, jambes et tarses d'un vert noirâtre. Appendices jaunes.

Cette espèce se trouve sur le bord de la mer; aussitôt que le soleil disparaît, elle s'enfonce dans le sable; c'est là qu'elle fut prise en grand nombre par notre intrépide voyageur qui nous l'a envoyée et auquel je la dédie. Elle doit venir après la *Cylindricollis* de Dejean.

COLÉOPTÈRES DU MEXIQUE.

Pentamère. — Carabique.

1. GALERITA, *Latreille.*

THORACICA, *Chevrolat.*

Gal. ruficolli, *Dej. similissima, sed thorace angustiore. Elongata, nigra. Palpis apice, tarsisque fuscis. Capite valde attenuato postice, thorace rugoso, punctato, rubro. Elytris longis, multi costulatis.*

Long. 19 lin. Elytrorum 11 ½. Lat. 7. — Orizaba.

Tête allongée, granuleuse, arrondie en arrière et de la largeur du corselet à sa base, rebordée sur le côté, bi-impressionnée entre les antennes, avec son milieu un peu élevé; elle est rétrécie en un col plus allongé que dans la *Ruficollis*. Les trois ou quatre premiers articles des *antennes* noirâtres, suivans brunâtres. *Yeux* obscurs. *Corselet* plus long que large, échancré en devant, coupé d'une manière un peu cintrée en arrière, plus étroit à sa base; arrondi et élargi vers les côtés antérieurs, ceux postérieurs relevés et l'angle recourbé en dessous. *Ecusson* fort allongé, triangulaire. *Elytres* parallèles, arrondies sur l'épaule et rebordées à la base, allongées, un peu plus larges jusqu'au-delà du milieu, rétrécies vers l'angle marginal, faiblement échancrées à l'extrémité et d'une manière oblique; elles ont chacune sept côtes un peu plus saillantes que les autres; entre les quatre qui partent de la suture, on en voit deux autres dans leur milieu plus petites et presque réunies; les suivantes, jusqu'à la marge, paraissent en avoir trois, la marginale en a quatre; elles finissent en se recourbant vers la suture. *Pattes* et dessous du corps noirs; tarses et extrémité des jambes roux. Dessous du corselet rouge; trochanters seulement noirs.

Elle se distingue de la *Ruficollis* par son corselet moins en carré; les deux impressions de sa base sont plus faibles. Elytres beaucoup plus allongées et étroites; l'angle extérieur est coupé obliquement, tandis qu'il est plus élargi, et qu'elles sont terminées carément dans l'espèce de Cuba; les lignes géminées du fond sont très-rapprochées et d'égale grosseur, ce qui n'a pas lieu dans la première. Les cuisses sont un peu moins granuleuses, surtout les postérieures.

Juin 1833.

Pentamère. — Carabique.

1. CALLEIDA, *Dej. Spécies.*

BRUNNEA, *Dej., Spécies*, vol. V, p. 328, 29;
Id. *Chevrolat.* *Id.*

Elongata, flava. Thorace cordato, brevi, truncato basi et apice, linea longitudinali impresso, rugato transverse. Elytris longis, cum 9 striis in singulo coleoptero.

Long. 8 ½ mil. Lat. 3 ¼ mil. — Orizaba.

Entièrement jaunâtre. *Tête* allongée, convexe, lisse, bi-impressionnée à la base des antennes, rétrécie en col en arrière. *Antennes* et *palpes* un peu plus pâles que le reste du corps. *Yeux* blancs, surmontés d'un rebord assez saillant. *Corselet* un peu plus long que large, élargi et arrondi au-dessous de l'angle antérieur, creusé et relevé sur ses côtés, ridé transversalement; angles postérieurs recourbés un peu en dessous; ligne longitudinale profonde n'atteignant pas les extrémités. *Ecusson* très-petit. *Elytres* du double en longueur et plus larges que le corselet, parallèles, coupées presque carément, marquées chacune de neuf lignes enfoncées et ponctuées. Les 3e et 4e réunies obliquement avant le sommet; 5e et 6e un peu plus haut. On voit en marge, entre les 8e et 9e stries des points enfoncés assez rapprochés, et deux points entre les 3e et 4e, dont l'un au tiers de la base et l'autre au cinquième de leur longueur; elles sont débordées par l'*abdomen*, qui est tronqué et arrondi. Cuisses antérieures échancrées intérieurement au-delà du milieu.

(2e fascicule. Mars 1834.)

Pentamère. — Carabique.

2. CALLEIDA, *Dejean.*

DECORA, *Fabr.*

Carabus Decorus, *F. Sys. El.* 1, p. 181, *n*°60.
Calleida Decora, *Dej. Sp.* vol. I, p. 222.
Id. *Chevrolat.*

Cyaneo-virescenti micans. Ore infra; tribus primis articulis antennarum, quartoque articulo basi, thorace omnino, pectore, pedibusque rubris. Thorace cordato, truncato basi, linea longitudinali impresso. Elytris elongatis, parallelis 8 striis integris vix punctulatis. Capite antice, antennis apice, genubus, tarsisque nigris.

Long. 8 mil. Lat. 3 mil.

Palpes noirs. *Tête* bleue en dessus et en dessous, arrondie, convexe, lisse, brillante, n'ayant que la bouche orangée, bien impressionnée près des yeux. *Corselet* une fois et demie aussi long que la tête, élargi et arrondi près de l'angle antérieur, tronqué aux extrémités, légèrement relevé et impressionné en marge, un peu plus, près de l'angle postérieur, creusé transversalement à sa base : ligne longitudinale enfoncée, réunie avant le sommet à une autre cintrée. *Ecusson* d'un rouge orangé. *Elytres* arrondies sur l'épaule, un peu moins sur l'angle de la marge, coupées carément à l'extrémité. Marge élargie en dessous à la base. Au milieu de la 2e et 3e strie suturale on voit un point enfoncé au tiers, et un autre aux deux tiers de leur longueur; la strie marginale est couverte de gros points profonds. L'*Abdomen* déborde les élytres, est coupé droit et s'arrondit sur les côtés; toute la poitrine est rouge; les pattes le sont également, à l'exception des genoux, des tarses et de l'extrémité des jambes qui sont noirs.

Cette espèce se trouve aussi aux États-Unis.

Juin 1833.

COLÉOPTÈRES DU MEXIQUE.

Pentamère. — Carabique.

1. LEBIA, *Latreille.*

BITÆNIATA, *Chevrolat.*

Flava. Antennis pedibusque basi flavis. Antennis oculisque nigris. Thorace transverso, subquadrato. Elytris fasciis duabus, cum apice, pedibusque cyaneis.

Long. 5 ½ mil. Lat. 3 mil. — Orixaba.

De la grandeur de la *Cyanocephala. Palpes, mandibules* au sommet et *antennes* noirs. Ces dernières avec les deux 1ers articles fauves. *Tête* lisse, arrondie et convexe, d'un jaune rougeâtre, traversée d'une faible ligne entre les antennes. *Corselet* jaune, de la largeur de la tête y compris les yeux; coupé droit à sa base, échancré sur la tête, arrondi creusé, très-relevé sur les côtés et convexe au centre, marqué d'une ligne longitudinale. *Ecusson* jaune, triangulaire. *Elytres* beaucoup plus larges que le corselet, en carré allongé, arrondies à l'épaule, tronquées obliquement à l'extrémité, jaunes; la bande bleue de la base est de la largueur du tiers de l'élytre; elle est échancrée en dessous; 2e placée au-delà du milieu, assez large, un peu plus étroite en marge, la suture est jaune dans toute sa largeur et elle a une tache semi-arrondie de la couleur des bandes à son extrémité, on voit

Pentamère.

3. LEBIA, *Latreille.*

Apicalis, *Chevrolat.*

Flava-rubida. Capite elytrsique viridibus. Thorace sub-quadrato, angustiore basi. Elytris sub-striatis cum apice flavo. Margine punctato-striata, flava subtus extremitate. Tarsis nigricantibus.

Long. 5 ½ mil. Lat. 3 ¼ mil. — Orixaba.

Palpes noirs. *Tête* arrondie, lisse, traversée de deux lignes au-dessus de la base des antennes, ayant quelques rides le long des yeux et un point au milieu de ceux-ci ; col jaune. *Antennes* avec le 1er article jaune ; suivans.... *Yeux* blancs. *Corselet* jaune, côtés obliques, il est un peu échancré sur la tête ; faiblement relevé et ayant une ligne enfoncée en marge ; coupé obliquement au-dessous de l'angle à la base, ligne longitudinale faible, bifurquée. *Ecusson* et son entourage jaunes. *Elytres* vertes finement ruguleuses, un peu élargies vers le sommet, en carré long, marquées chacune de sept stries non ponctuées ; la 3e, en partant de la suture, a deux enfoncemens au quart de la base et de l'extrémité ; tronquées obliquement ; les deux tiers de la marge en-dessous et une bande terminale jaunes. Cette première est rebordée latéralement jusqu'à l'écusson et est couverte de gros points enfoncés. Dessous du corps, à l'exception de la tête, jaune. — Envoi de M. Lesueur.

COLÉOPTÈRES DU MEXIQUE.

Pentamère. — Carabique.

1. COPTODERA, *Dejean.*

UNICOLOR, *Chevrolat.*

Atra nitida. Thorace transverse, angulato, reflexo et depresso lateribus. Elytris quadratis, costatis cum 8 sulcis; oblique emarginatis. Margine cancellata, foveata basi. Mandibulis, antennis apice tarsisque obscure fuscis. Quatuor primis articulis antennarum nigris.

Long. 6 ½ mil. Lat. 4 mil. – Orixaba.

Tête arrondie et aplatie, traversée d'une antenne à l'autre d'une ligne droite; ayant deux impressions ridées le long dés yeux; lisse et convexe à sa partie postérieure. *Antennes* de la longueur du corselet. *Yeux* pâles. *Corselet* en carré transverse, élargi sur le côté au-dessous de l'angle antérieur; plus étroit à la base qu'au sommet, coupé droit aux deux extrémités, très-creusé et relevé en marge; la ligne longitudinale est traversée au sommet d'une ligne arquée; l'angle postérieur est un peu relevé. *Elytres* plus larges que le corselet, s'élargissant vers le haut; échancrées obliquement et un peu prolongées sur la suture; les deux sillons près de cette dernière, droits, le 2e a un point enfoncé à moitié sur la côte, aux deux tiers de leur longueur; les 3e et 4e réunis avant l'extrémité; le 3e sillon a deux points enfoncés près de la base ; 5e et 6e joints ensemble ; le 7e s'arrondit sur la marge extérieure, est creusé jusqu'au sommet de la suture. Marge profonde sous l'épaule, guillochée vers le sommet. *Abdomen* débordant les élytres et tronqué. Dessous du corps noir. *Pattes*, *mandibules* et *antennes* d'un noir fauve.

Envoi de M. Al. Lesueur.

Juin 1833.

Pentamère. — Carabique.

1. BRACHINUS, *Fabr.*

MEXICANUS, *Dej.*, *Sp.* t. V, p. 428. *Suppl.*
Id. *Chevrolat.*

Cæruleus. Ore, capite, supra et infra duobus primis articulis atque dimidio tertio articulo antennarum, thorace omnino, scutello, pedibus, pectoreque medio rufis. Thorace elongato cordato, compresso lateribus basi. Elytris amplis, subquadratis, truncatis oblique in sutura, 6-costatis.

Long. 8 — 10 mil. Lat. 3 ½ — 5 mil. — Orizaba.

Tête ayant une impression très-rugueuse près de la base des antennes, allant jusqu'au-delà du milieu des yeux, et traversée d'une ligne en avant. *Antennes* brunâtres. *Yeux* noirâtres. *Corselet* allongé, en cœur, tronqué aux extrémités, faiblement relevé et creusé en marge, très-rétréci et courbé près de sa base; angles postérieurs aigus; la ligne longitudinale est assez enfoncée, ridée en travers; elle n'atteint pas les deux extrémités. *Ecusson* triangulaire. *Elytres* du double plus larges que la tête, y compris les yeux, en carré allongé, tronquées sur la suture, élargies dans leur milieu, ayant chacune six côtes assez distantes peu élevées; tout l'extérieur des côtes jusqu'à la marge est pubescent, la troncature du sommet est jaunâtre, ainsi que le dedans de la suture, le dessous de la marge est incliné. *Abdomen* noirâtre, granuleux, pubescent, laissant voir dans la femelle trois segmens débordant l'élytre. Les appendices de la couleur des pattes. La poitrine est presqu'entièrement noire.

Très-commun près des eaux.

Juin 1833.

(2e fascicule. Mars 1834.)

Pentamère. — Carabique.

2. BRACHINUS, *Fabr.*

ARBOREUS, *Chevrolat.*

Affinis Brach. geniculato, *Dej. Nigro-plumbeus. Capite, ore, duobus primis articulis antennarum,* 3-6 *apice, thorace, scutello, pedibusque flavidis. Antennis, genubus, pectoreque medio fuscescentibus. Thorace elongato. Elytris longis, subquadratis, vix costulatis. Abdomine nigricante.*

Long. 8 mil. Lat. 4 mil. — Orixaba.

Il est beancoup plus étroit que le *Mexicanus*, et d'un gris ardoisé assez luisant. *Tête* bi-impressionnée le long des yeux, lisse, allongée postérieurement; les quatre premiers articles des antennes pâles, avec seulement la base des 3ᵉ et 4ᵉ articles brunâtres; les suivans d'un brun plus clair que dans la première espèce, jaunâtres au sommet jusqu'au 7ᵉ. *Yeux* blanchâtres. *Corselet* plus allongé, moins élargi près des bords antérieurs, moins rétréci près de la base, faiblement relevé et impressionné sur les côtés; le dessus est d'un rouge pâle; la ligne longitudinale n'atteint pas la base; elle n'est pas ridée comme dans le *Mexicanus;* les angles postérieurs sont aigus et recourbés, sans être aussi dilatés. *Ecusson* très-allongé, triangulaire. *Elytres* deux fois aussi longues que la tête et le corselet réunis, en carré allongé, élargies vers le milieu, coupées obliquement sur la suture et moins échancrées que dans l'autre espèce; pubescentes latéralement et à l'extrémité; elles ont chacune cinq petites côtes; celles extérieures sont peu saillantes; leur sommet est pubescent et la troncature jaunâtre. *Abdomen* noirâtre, granuleux. Milieu de la poitrine d'un fauve obscur. *Pattes* d'un jaune très-pâle, genoux jaunâtres, noirs.

Une trentaine d'individus ont été pris en famille, dans l'intérieur d'un arbre pourri, et se trouvaient dans l'envoi de Vasselet et Sallé.

(2e fascicule. Mars 1834.)

COLÉOPTÈRES DU MEXIQUE.

Pentamère. — Carabique.

1. PASIMACHUS, *Bonelli.*

ROTUNDIPENNIS, *Chevrolat.*

Ater. Mandibulis transverse, clypeo longitudine rugatis. Capite subquadrato, in fronte angulose biimpresso. Thorace semi-rotundato, lævi, angulose bifoveato basi, linea longitudinali, signato, marginato cyaneoque lateribus, foveis eodem colore. Scutello birotundato, rugato. Elytris rotundatis, convexis; cum septem costis, septemque striis, punctatis, margine colliciata cyanea vel viridi.

Long. 1 pol., 1 lin. Lat. 11 ½ mil. — Bocadelmonte.

Mandibules larges, arquées, la droite munie intérieurement à sa base de deux petites dents égales, la gauche de trois, couvertes en dessus de rides élevées, transverses, creusées latéralement. *Chaperon* transverse, inégal à sa partie antérieure, à rides entières. *Tête* carrée, convexe à sa base, marquée de deux enfoncemens angulaires et profonds; une des lignes formant l'angle, longitudinale, l'autre transversale sur le devant; il est plissé sur ses bords, coupé obliquement au côté antérieur. *Yeux* au niveau de la tête, pâles. *Antennes* noires, couvertes de poils roux, à l'exception des trois premiers articles. *Corselet* presque tronqué au sommet et avancé près des angles;

échancré intérieurement, dans un sexe, à sa base; les côtés sont très-arrondis, rebordés avec la ligne impressionnée en marge, continuée près des bords antérieurs et s'en éloignant en s'arrondissant, terminée peu après et presqu'opposée à l'angle; sa marge, ainsi que les deux fossettes d'un beau bleu. *Ecusson* ayant une ligne longitudinale, ridé transversalement. *Elytres* tronquées à la base, globuleuses, sinueuses près de la suture, ayant sept côtes élevées, entre lesquelles sept stries, formées de points très-enfoncés. La première côte suturale, terminée avant l'extrémité; les deux stries de points se continuent jusqu'au sommet. Les 2e, 4e et 6e côtes plus saillantes et élargies, réunies entre elles avant le sommet; marge canaliculée. *Cuisses* antérieures aplaties, larges, creusées en dessous. *Jambes* ayant une dent épineuse au milieu de leur échancrure, une autre au sommet et trois dents extérieurement. L'extrémité des médianes bi-épineuse d'un côté, uni-épineuse de l'autre, munies vers la base postérieure de quatre dentelures; celles de derrière, droites, bi-épineuses seulement à l'insertion des tarses.

L'un des sexes a le corselet beaucoup plus large sans être échancré à sa base.

Juin 1833.

(2e fascicule. Mars 1834.)

Pentamère. — Carabique.

1. CALOSOMA, *Fabr.*

ANGULATUM, *Chevrolat.*

Nigro-cyaneum. Capite punctato. Thorace nigro, angulato in medio, marginato et cyaneo lateribus, lœvi, punctato basi et apice, linea longitudinali vix impresso. Elytris cum 14 costis, interstitiis clathratis, versus humerum profunde, striato-punctatis, tribus seriebus punctorum oblongiusculorum in singulo coleoptero notatis; apice acute rotundatis.

Long. 1 pol. 1 lin. Lat. 10 mil. — Bocadelmonte.

La forme très-angulaire du corselet de ce *Calosome* l'éloigne de toutes les espèces connues. *Mandibules* courtes, scabreuses, croisées l'une sur l'autre, arrondies et recourbées en dessous. *Tête* allongée, rétrécie à la partie antérieure, surmontée latéralement d'un rebord qui s'étend jusqu'au milieu de l'œil; il est resserré en avant, aplati et échancré; la tête a deux enfoncemens entre les antennes, son milieu est élevé; couverte de quelques gros points enfoncés plus rugueux à la partie supérieure; lisse derrière les yeux. *Antennes* brunâtres et pubescentes, les quatre premiers articles d'un noir luisant. *Yeux* brunâtres. *Corselet* du double plus large que la tête, avancé angulairement au milieu sur les côté ; court, rétréci en avant et en arrière ; tronqué aux deux extrémités ; d'un noir mat, lisse au centre, ponctué à la base et sur ses bords ; la marge est très-rebordée et d'un beau bleu ; la ligne longitudinale n'atteint pas entièrement la base. *Ecusson* large et brièvement triangulaire. *Elytres* allongées, plus larges que le corselet, atténuées près de l'écusson, arrondies sur l'épaule, parallèles jusqu'au sommet de la marge extérieure, coupées obliquement en s'arrondissant toutes deux en pointe sur la suture. Elles ont chacune quatorze côtes, entre lesquelles on voit des points assez profonds à la base et vers la marge, traversées de plis transverses, élevés ; les stries sont moins profondément ponctuées vers le sommet ; les lignes de points oblongs se trouvent entre les 4—5es, 7—8es, 12—13es côtes ; le fond est bleuâtre ; la première côte commence au 5e de l'élytre ; les deux suivantes longent la suture jusqu'à l'extrémité ; les autres réunies par deux et formant une sorte de callosité près de l'angle extérieur. Marge canaliculée, bleue. *Pattes* noires, droites. Dessous du corps lisse, d'un noir verdâtre ; stigmates crevassés et ponctués ainsi que les côtés de la poitrine. Mâle.

Cet insecte a été rapporté par M. Lesueur.

Juin 1833.

(2e fascicule. Mars 1834.)

Pentamère. — Carabique.

1. CHLÆNIUS, *Bonelli.*

SCABRICOLLIS, *Chevrolat.*

Inter minimos generis. Latus, viridi-obscurus. Palpis, antennis, basi, macula apicali magna in elytris pedibusque flavis. Capite bi-lineato, puncto frontali. Thorace punctis magnis impresso, bifoveato basi. Elytris ovalibus, 8 *striis in singulo coleoptero, interstitiis punctulatis. Femoribus anticis basi nigris.*

Long. 8 ½ mil. Lat. 4 mil. — Toulepeck.

Mandibules petites, recouvertes en partie par le labre. *Tête* allongée, lisse, d'un vert assez brillant, faiblement bi-impressionnée le long des yeux, ponctuée sur les impressions et dans son milieu jusque sur le front; lisse en avant et traversée d'une petite ligne entre la base des antennes. *Antennes* atteignant presque les genoux des pattes médianes; les trois premiers articles pâles, d'un brun clair à leur extrémité. *Yeux* noirâtres. *Corselet* plus large que la tête, tronqué en haut et en bas, abaissé sur les angles antérieurs, élargi dans son milieu, arrondi latéralement et impressionné d'une ligne en marge; les deux fossettes de sa base placées un peu en avant de l'angle, profondes, et prolongées au-delà du milieu; il est couvert d'un grand nombre de points scabreux enfoncés. *Ecusson* triangulaire, allongé. *Elytres* beaucoup plus larges que le corselet, légèrement sinueuses avant l'extrémité, marquées de seize lignes en stries, assez éloignées; ponctuées sur la tache apicale. Celle-ci est assez grande, occupe toute l'extrémité et est deux fois échancrée en-dessus près de la suture. Indépendamment des seize stries, on en voit deux petites au-dessous de l'écusson, leur intervalle offre quelques points presque disposés en ligne vers les bords. *Abdomen* noirâtre, lisse; dernier segment marginé de jaune.

Etait unique dans l'envoi de Vasselet et Sallé.

Juin 1833.

COLÉOPTÈRES DU MEXIQUE.

Pentamère. — Carabique.

1. AMARA, *Bonelli*.

TIBIALIS, *Chevrolat*.

Angusta, æneo-viridi-nitida. Capite levi, thorace semi-circulato, convexo. Elytris sinuatis versus suturam, cum 6 lineis striatis haud integris. Palpis, antennis, basi, tibiis tarsisque flavis.

Long. 8 mil. Lat. 3 $^1/_2$ mil.

Tête allongée, finement ruguleuse, d'un vert métallique brillant, ayant, de la base de l'antenne aux yeux, une petite ligne enfoncée étroite. *Antennes* atteignant le milieu des cuisses médianes, fauves, avec les trois premiers articles jaunes. *Yeux* obscurs. *Corselet* semicirculaire, plus haut que large, coupé droit à sa base, et marqué de deux légères fossettes placées au tiers de sa largeur, les côtés sont faiblement rebordés et il est abaissé sur son bord antérieur; ligne longitudinale entière, très-faible et à peine visible. *Ecusson* triangulaire. *Elytres* un peu plus larges que le corselet à sa base, tronquées, coupées obliquement sous l'épaule, s'élargissant jusqu'au-delà du milieu, sinueuses intérieurement peu après l'angle de la marge, un peu avancées sur la suture; elles ont chacune six lignes en stries sur lesquelles on voit des points à distance ; elles diminuent de longueur, à mesure qu'elles s'avancent de la marge et laissent voir un espace assez large entre celle-ci et les stries; les dernières ne se prolongent pas davantage des deux tiers de leur longueur; on en voit encore deux petites placées sous l'écusson. Celle de la suture est plus creusée que les autres ; la marge est profonde et noire ; elle est rousse en dessous ; le ventre est couleur de poix. Les côtés de la poitrine sont ponctués profondément. Enfoncemens des stigmates éloignés des bords. Cuisses brunâtres.

Juin 1833.

Pentamère. — *Carabique.*

8. CICINDELA, *Fab.*

DECOSTIGMA, *Chevrolat.*

Obscura, magnitudine Cic. littoralis, *Fab. Labio, dimidio mandibularum extrà, maculisque decem in elytris, prima humerali, tres ponè marginem, unaque ultrà medium juxtà suturam flavo-albis. Thorace longiore latitudine, tribus sulcis impresso. Elytris latè porosis, apice truncatis, serratulis, in sutura aculeatis.*

Long. 11. mil. Lat. 4 — 4 ½ mil.

Obscure. *Tête* finement ridée. *Mandibules* longues, noires à l'extrémité, vertes au milieu, jaunes sur le côté à la base; dents noires. *Lèvre* transverse, sinueuse en avant et arrondie; six points enfoncés, munis de poils près du bord. *Chaperon* évasé un peu anguleusement sur la tête, surmonté d'une ligne transverse. *Antennes* ayant les quatre premiers articles d'un vert foncé, les suivans noirâtres. *Yeux* obscurs; rebord supérieur vert. *Corselet* plus long que large, parallèle, sillon antérieur partant des angles, avancé angulairement; celui de la base, assez éloigné du bord; ligne longitudinale plus ou moins enfoncée. *Ecusson* triangulaire, large vers le haut. *Elytres* ayant un peu plus de deux fois et demie la longueur du corselet, mais plus larges, presque droites latéralement, obliques à l'extrémité à partir de la marge, finement dentées et aiguës sur la suture, leur fond à taches en forme de paillettes porreuses; cinq taches d'un jaune blanc sur chaque étui : une au-dehors de l'épaule; 2e et 3e proches la marge, à égale distance entre elles; 3e placée vers le milieu; 5e près de l'angle extérieur, et 4e rapprochée de la suture, devant quelquefois se lier à la 3e, et former alors un crochet en hameçon; celle de l'épaule doit aussi se réunir à la seconde et montrer une lunule. Suture élevée, arrondie, lisse et rougeâtre. Dessous du *corps* d'un bleu violacé au milieu, côtés rouges, couverts de poils blancs, anus rose. *Pattes* vertes. Tarses du mâle, de trois articles dilatés, diminuant de longueur, le 3e de la moitié du second, poils argentés au côté interne.

. Trouvée, je crois, aux environs des mines de Zimapan; elle m'a été cédée par M. Gory et se placera après notre *Favergeri*.

Pentamère. — Sternoxe.

2. ACMÆODERA, *Solier, An. S. Ent. de Fr.*, p. 274. 1833.

Eschs. Cat. Dej., *p.* 75.

FLAVOMARGINATA, *Gray, in the Animal Kingdom*, vol. 14, pl. 31, f. 2. (*Sine descriptione.*)

Atra, pilosa, punctatissima. Thorace basi sulco trianguliformi, margine luteola. Elytris punctato-striatis, serratis, lateribus, usque ultrà medium flavis, cum fascia punctoque subapicali, puniceis. Corpore subtus punctato, viridi-atro. Pedibus albo-hirtis.

Long. 10 mil. Lat. amplissima (thoracis) 3 ¹/₂ mil.

Couverte de longs poils noirs. *Tête* enfoncée dans le corselet, convexe sur le front, ponctuée assez fortement. 1er article des *antennes* vert; les suivans tirant sur le noir. *Yeux* placés debout, assez gros, jaunes. *Corselet* transverse, droit à la base, arrondi sur les côtés, échancré semi-circulairement sur la tête, plus largement ponctué qu'elle, abaissé sur les bords; enfoncement triangulaire au milieu de la base; limbe latéral d'un jaune obscur. *Ecusson* nul. *Elytres* moins larges que le corselet, diminuant insensiblement jusqu'à l'extrémité, dentées; base élevée, à peine crénelée; suture lisse. A partir de la 4e strie suturale, une côte s'arrêtant à la bande rouge, six autres stries en dehors; interstices à petits points doubles; marge jaune jusqu'aux deux tiers, n'ayant que le commencement et un point à l'extrémité; sur le bord extérieur, une strie de points la traverse à la fracture; bande près de l'extrémité, d'un rouge grenade, ayant à sa partie postérieure une tache arrondie, noire sur la suture; une autre tache rouge à la réunion des stries. Côtés et *abdomen* verts à points guillochés. *Pattes* couvertes de poils blancs assez épais.

Trouvée aux environs de Mexico, elle m'a été donnée par M. Sommer et doit se placer près de notre *Lateralis*.

Pentamère. — Sternoxe.

1. CHRYSOBOTHRIS, *Solier, An. S. Ent. de Fr.* p. 310. 1833. *Esch. Cat. Dej.* p. 79.

ÆREA, *Chevrolat.*

Magnitudine Bup. impressæ, *Ol., sed angustior. Ærea, obscura, punctata et granulata. Capite antice inæquali, plano. Costa frontali. Thorace transversè-subquadrato, angulis anticis obliquè truncatis, nitidè punctato medio, rugoso lateribus. Singulo coleoptero cum tribus stigmatibus transversis et costa suturali. Corpore subtùs rubro-æneo. Femoribus anticis unidentatis.*

Long. 18 mil. Lat. 7 mil.

Bronzée, obscure. *Tête* aplatie sur le devant, ponctuée, à rugosités irrégulières, sommet régulièrement ponctué; occiput avec une côte unie ayant une ligne enfoncée au milieu. *Chaperon* anguleux sur son milieu, aigu aux côtés, rétréci entre les antennes. *Mandibules* noires, arquées, larges, terminées par deux dents, dont une à chaque extrémité. *Antennes* de la longueur du corselet; 3e article deux fois et demie aussi long que les suivans. *Yeux* étroits, debout, jaunes, cerclés de vert. *Corselet* en carré transverse, bi-arqué à la base et en pointe sur l'écusson, arrondi sur la tête et avancé par le bas sur les yeux, cilié en cet endroit, coupé obliquement sur l'angle antérieur, droit et abaissé sur les côtés, régulièrement ponctué et brillant au milieu, rugueux près des bords. *Ecusson* très-petit, triangulaire. *Elytres* plus larges que le corselet, obliques au devant de l'épaule, diminuant à partir des deux tiers, très-finement dentées, petite épine en dehors de la suture; ponctuation irrégulière, raboteuse; chaque étui avec trois stigmates: 1er à la base, double et transverse; 2e, vers le milieu, deux fois arrondi, remontant un peu sur la suture; 3e, au-delà du milieu, oblique, abaissé vers la suture. Leur fond est ponctué d'une manière régulière. *Suture* élevée en côte, avec points crénelés en dedans; une autre côte, rapprochée, droite, commençant au 2e stigmate. On voit aussi une nervure entre les 2e et 3e stigmates, qui reparaît au-dessous du dernier. *Pattes* courtes. Cuisses épaisses, scabreuses; antérieures, munies vers l'extrémité d'une forte épine intérieure. *Corps* en-dessous aplati d'un rouge cuivreux; 1er segment de l'abdomen prolongé en pointe sur la poitrine, fortement canaliculé au milieu, dernier tridenté au sommet, caréné dans sa longueur, 2e, 3e, 4e à angles épineux par le bas.

Le dessous offre des élévations en forme de croute figurant soit des points ou des nervures. Elle m'a été donnée par M. Hœpfner, de Darmstadt, sans indication de localité; je crois cependant qu'elle est des environs de Mexico, et doit se placer en tête de ce genre.

Pentamère. — Sternoxe.

1. AGRILUS, *Solier, Ann. S. Ent. de Fr.*, p. 300. 1833. *Meg. Cat. Dej.*, p. 81. — (*BUPRESTIS, Fab.*)

FURCILLATUS, *Chevrolat.*

Viridi-auratus. Vitta longitudinali lata, cœruleo-nigra. Elytris angulo externo uni-spinosis, squamoso granulatis, apice cupreo micantibus. Corpore subtus obscure-sub-metallico pedibusque nigris. Capite sulcato, transversè rugato cum thorace. Segmentibus abdominis lateralibus sub-angulatis.

Long. 11 mil. Lat. 4 mil. — Orixaba.

D'un vert doré. *Tête* profondément sillonnée en avant, ridée en travers. *Chaperon* anguleux sur son milieu, recourbé en pointe aux côtés, très-rétréci en arrière entre les antennes; les premiers articles dans celles-ci, d'un vert noirâtre. *Yeux* latéraux, oblongs, pâles. *Corselet* presqu'en carré, sinueux, avancé et tronqué sur l'écusson, arrondi sur la tête (angles avancés au-dessous des yeux). Bords n'étant pas parfaitement droits, présentant une carêne creusée en dessus et une en dessous, seulement jusqu'aux deux tiers de leur longueur; milieu uni, légèrement ponctué, ligne noire assez large; l'espace jusqu'à la marge fortement ridé, ayant une côte et un sillon près de l'angle de la base; il est un peu abaissé sur la tête, surtout près des angles. *Ecusson* étroit et transverse. *Elytres* de la largeur du corselet, élargies au milieu, rétrécies aux deux tiers, échancrées à l'extrémité et se terminant chacune en une pointe large à sa base, placée sur l'angle de la marge; granuleuses, en forme d'écailles; ligne dorsale bleuâtre, mélangée de vert obscur, large, unie, un peu creusée, elle n'atteint pas le sommet de la suture; rebord saillant; leur extrémité d'un rouge éclatant. *Pattes* noires, dessous du corps de même couleur, avec quelques parties d'un vert obscur métallique; côtés de la poitrine réticulés en forme d'écailles; menton très-avancé, un peu cintré au milieu.

Il doit se placer à côté de l'*Armatus* et du *Guerini*. Envois de MM. Vasselet et Lesueur.

Pentamère. — Malacoderme.

1. ASPISOMA, *Laporte, An. S. Ent. de Fr.* p. 145. 1833. — (*NYCTOPHANES, Dej. Cat.*, p. 101. — *LAMPYRIS, Fab.*)

POLYZONA, *Chevrolat.*

Pubescens, fusco-cinerea. Thorace antice perlucido, cum vitta dorsali maculisque duabus miniatis et sex lineis fuscis inæqualibus. Capite, in elytris macula marginali magna antè medium, margine, sutura, lineis sex, aliquotiès octo, femoribus basi, limbo inferiore segmentorum abdominis flavis. Duobus penultimis segmentibus flavo-albicantibus, segmento penultimo cum macula fusca in medio, apicali margine flavâ.

Long. 13 mil. Lat. 6 ½ mil. — Véra-Cruz.

Semblable au *Lampyris ignita* de Fab. Grise, à pubescence courte. Les deux premiers articles des antennes et la tête jaunes; tache latérale sur les élytres, six ou huit lignes non entières, marge et suture, cuisse à leur naissance, limbe inférieur des segmens de l'abdomen jaunes, les deux pénultièmes d'un blanc phosphorescent; un point fauve au dernier; celui apical noirâtre, marginé de jaune. *Tête* enfoncée profondément dans le corselet. *Yeux* et *Antennes* noirâtres. *Corselet* en ogive, prolongé bien au-delà de la tête, abaissé sur les côtés, incliné sur le devant, presque droit à la base; angles postérieurs en-dessous et en-dessus avec une tache angulaire, fauve; deux lignes longitudinales de même couleur recourbées par le bas et en formant deux autres, dont le centre offre de chaque côté une tache triangulaire rose, et ligne dorsale de cette couleur. *Ecusson* déprimé en travers, triangulaire; pointe arrondie et élevée. *Elytres* de la largeur du corselet, élargies peu après, rétrécies et arrondies sur la suture; élévation vers le milieu de la base, jaune en dehors, prolongée quelquefois en une ligne peu marquée; marge étroite jusqu'aux deux tiers, agrandie ensuite. *Epipleures* jaunes, abaissés, creusés dans leur largeur; deux taches fauves sur chaque, l'une au commencement, l'autre placée vers le milieu.

Envoi de Mme Sallé et de M. Vasselet. Elle se placera à côté de l'*Ignita*.

(3e fascicule. Novembre 1834.)

Pentamère. — Térédile.

2. CLERUS, *Fab.*

ABDOMINALIS, *Chevrolat.*

Pilosus, niger, nitidus. Elytris cum fasciis duabus miniatis, prima antè medium; secunda apicali, abdomine concolore.

Long. 9 mil. Lat. 3 1/2 mil.

Grandeur du *Clerus myrmecodes* de Charpentier. Noir, couvert de longs poils de même couleur. *Tête* grosse, finement ponctuée, aplatie en devant, convexe sur le front, sillonnée à l'occiput. *Yeux* noirs saillans. Massue des *antennes* de trois articles. *Corselet* coupé droit aux extrémités, large près de la tête, arrondi sur le côté, aplati en dessus, déprimé avant le milieu, aminci à la base et cerclé profondément. *Ecusson* ponctiforme. *Elytres* coupées droit à la base, parallèles, courtes, arrondies extérieurement au sommet, terminées anguleusement sur la suture; marge avec une ligne enfoncée remontant sur le dos. 1re bande noire droite, suivie d'une autre de même forme, rouge; sur celle-ci quelques poils noirs, roux sur le bord; 3e noire, placée au-delà du milieu, toujours droite mais plus étroite, l'extrémité entièrement rouge. *Epipleures* ayant les mêmes dispositions de couleurs que l'élytre; dessous du corps et pattes noirs; abdomen rouge; cuisses épaisses, coriacées, très-poilues.

Je dois cette belle espèce à la générosité de M. Sommer d'Altona, qui me l'a donnée lors de mon séjour chez lui; elle a été trouvée près des mines de Zimapan.

Elle viendra avant notre *Bombycinus*.

(3e fascicule. Novembre 1834.)

COLÉOPTÈRES DU MEXIQUE.

Pentamère. — Clavicorne.

1. STRONGYLUS, *Herbst.*

ILLUSTRIS, *Chevrolat.*

Rotundatus, convexus et punctatus. Capite, thorace, scutello, clavaque antennarum nigris. In thorace maculis duabus basi, oblongis, rubris. Elytris viridibus. Corpore subtus, pedibus et pygis rubro-flavis.

Long. 5 mil. Lat. 4 3/4 mil.

Pointillé assez profondément en dessus. *Tête* noire, déprimée transversalement en avant. *Chaperon* rétréci et avancé; deux troncatures un peu cintrées. *Mandibules* d'un jaune obscur. *Antennes* jaunes. Massue et *yeux* noirâtres. *Corselet* plus large que haut, échancré sur la tête, peu sinueux à la base, côtés arrondis en se rétrécissant près des yeux, abaissé et très-arrondi en devant; bords latéraux et antérieur, marqués d'une faible ligne enfoncée, rebords étroits; deux taches rouges, oblongues, transverses sur la base et atteignant presque le bord latéral de l'écusson. *Ecusson* grand, ponctué, trianguliforme, lisse aux côtés postérieurs. *Elytres* vertes, guère plus longues, et moins larges que le corselet, arrondies à l'extrémité et au milieu de la suture; ligne impressionnée avec points près de cette dernière; marge légèrement rebordée. *Epipleures* inclinés sur la poitrine, creux, verts; dessous du corps et pattes d'un jaune rougeâtre; pygidium de même couleur: ponctué et marginé. Cuisses larges, épaisses; jambes courtes.

Envoi de Mme Sallé et de M. Vasselet.

(3e fascicule. Octobre 1834.)

Pentamère. — Palpicorne.

1. HYDROPHILUS, *Fab.*

APICIPALPIS, *Chevrolat.*

Elliptico sub-acutalis, niger, suprà olivaceus, nitidus. Palpis, antennisque croceis, apice nigro, genubus rubiginosis.

Long. 13—14 mil. Lat. 7 mil. — Véra-Cruz.

Tête convexe, arrondie, lisse; deux stries de points recourbées en avant, enfoncement vers le milieu du bord des yeux. *Palpes* d'un jaune jonquille; point noir terminal. *Antennes* jaunes; massue noire. *Yeux* pâles. *Corselet* ayant à la base une fois et demie sa hauteur, très-arrondi sur le dos, abaissé sur les côtés antérieurs et la tête, échancré, sinueux, avancé et arrondi au milieu du bord antérieur (angles prolongés sur les yeux un peu arrondis), plus rétréci près de la tête; côtés étroitement relevés, ayant une ligne enfoncée qui parcourt le bord transversal du haut, base presque droite. *Ecusson* parfaitement triangulaire, grand. *Elytres* de la largeur du corselet, un tant soit peu élargies au milieu, terminées toutes deux en pointe mousse, d'un noir olivacé avec quelques reflets métalliques; quoiqu'elles paraissent lisses à l'œil, on voit, à l'aide d'une forte loupe, quelques lignes longitudinales, avec points distans impressionnés, pointillé excessivement fin, coriacé et à clathratures serrées; marge rebordée, creusée, revêtue à l'extrémité de filets ou poils jaunâtres. *Epipleures* inclinés sur la poitrine, larges seulement à leur départ; dessous du corps d'un noir mat, très-finement coriacé. *Pattes* noires; cuisses rougeâtres près des genoux (les antérieures très-épaisses à leur naissance); jambes antérieures à stries, cannelées; médianes hérissées de poils, placés inégalement; postérieures robustes, à fossettes allongées et sans ordre, ciliées à l'extrémité; toutes terminées à l'insertion des tarses par deux épines aiguës très-longues; tarses à barbules jaunâtres.

Envoi de Mme Sallé et de M. Vasselet; il se placera avant le *Lateralis* de Fab.

COLÉOPTÈRES DU MEXIQUE.

Hétéromère. — Trachélide.

1. MORDELLA, *Fab.*

QUADRISIGNATA, *Chevrolat.*

Atra, holosericea. In elytris, quatuor notis aurantiacis cum macula laterali eodem colore in singulo segmento abdominis.

Long. 11 mil. Lat. amplissima (thoracis) 4 mil. — Véra-Cruz.

Noire. *Tête* très-convexe, grosse, sillonnée en longueur, d'un blanc soyeux sur le bord du corselet. *Chaperon* arrondi, grisâtre, recourbé en un angle sur les yeux; ceux-ci ronds, noirs. *Antennes* noires. *Corselet* abaissé et convexe, presqu'en carré, avancé en s'arrondissant sur le milieu du bord antérieur et davantage sur l'écusson; côtés un peu cintrés en dehors, creusés en dessous; une espèce de gamma avant le milieu, dont l'un des jambages longitudinal, l'autre transversal en avant, d'un blanc soyeux, ainsi que la base. *Ecusson* blanc, arrondi en arrière, un point jaune en dessous. *Elytres* un peu plus étroites que le corselet, amincies et arrondies des deux côtés du sommet; sur chacune deux taches rondes placées sur le milieu, l'une au tiers, l'autre aux deux tiers. Dessous du *Corps* d'un noir luisant, pointillé et comme ridé; cuisses postérieures aplaties; jambes armées à l'extrémité de deux épines aiguës, longues et droites.

Tarses allant en diminuant de longueur et de grosseur; premier article des postérieurs trois fois aussi long que le suivant. *Abdomen* longuement acuminé ; les quatre premiers segmens un peu argentés au bord inférieur, ayant une tache latérale de la couleur de celle des élytres.

Elle se placera avant l'*Octo-Punctata* de Fab.

Hétéromère. — Vésicant.

2. CANTHARIS, *Latr.*, *Brullé*, *Exp. de Morée*, *Ent.*, p. 231[1]. — (*LYTTA*, *Fab. Dej. Cat.*, p. 224. EUCERA, *Klug* (*inedita*).

Nigra, dimidio superiore capitis rubro, cum puncto frontali nigro. Capite thoraceque lævigatis, nitidis. Elytris sub-rugulosis. 4°, 5°, *et* 6° *articulis antennarum maris trigonis, valdè dilatatis.*

Long. ♂ 20 mil. ♀ 16 mil. Lat. ♂ 5 mil. ♀ 4 ½ mil. — Guatimala, Mexico.

Tête en un carré un peu rétréci à sa partie inférieure, abaissée obliquement sur le devant, tronquée au sommet, légèrement convexe sur le front, aplatie vue de côté, lisse, noire, rouge vers le haut, point noir frontal; le rouge s'avance angulairement vers le bas de la tête; sa partie antérieure cintrée, déprimée dans sa largeur. *Palpes* longs, dernier article aplati, oblong, un peu moins gros dans la femelle. *Lèvre* en carré transverse. *Chaperon* droit, ayant en dessus une côte transversale. *Antennes* d'un noir foncé

---

[1] L'on devra substituer au nom de 1. *Lytta cardinalis,* décrite dans notre premier fascicule, celui de *Cantharis,* proposé depuis par M. Brullé et M. Silbermann (*Revue entomologique,* t. II, p. 275). Je pense que c'est la même que la *Sanguinipennis* de Klug et la *Dejeanii* d'Hœpfner, citée au *Cat.* Dejean.

brillant, dilatées dans le mâle, moniliformes dans l'autre sexe, dernier article oblong, acuminé. *Yeux* plus ou moins noirâtres. *Corselet* un peu plus long que large, droit et relevé à la base, coupé obliquement derrière la tête, ce qui le fait paraître anguleux sur le côté avant le milieu; il est lisse, brillant et un peu aplati. *Ecusson* très-grand, triangulaire. *Elytres* déprimées de chaque côté de l'écusson, fort longues, du double plus larges que le corselet (épaules détachées du corselet, droites, arrondies sur l'élytre); parallèles, arrondies à l'extrémité, moins sur la suture, ruguleuses; nervure longitudinale peu apparente. *Pattes* et dessous du corps d'un noirâtre foncé; jambes médianes, élargies au-delà du milieu, avec une dilatation courbe à l'extrémité, ce qui n'a pas lieu dans la femelle. *Tarses* longs, minces à leur naissance, à brosses et poilus en dessous; quatre longs crochets.

J'ai reçu le mâle de M. Hœpfner.

(3e fascicule. Novembre 1834.)

Hétéromère. — Vésicant.

1. PYROTA, *Dej. Cat.*, p. 224. — (*LYTTA, Auct.*)

MYLABRINA, *Chevrolat.*

Flava. Palpis, antennis, quatuor punctis transversè positis in thorace, tribus cum apice in singulo elytro, apice tibiarum et tarsis nigris, corpore nigro, annulis abdominalibus, flavis.

Long. 14 mil. Lat. 5 mil. — Tuspan.

Tête un peu aplatie, convexe, allongée, inclinée, très-rétrécie en col en arrière, celui-ci marqué de chaque côté d'un point noir. *Labre* grand, en carré. *Mandibules* jaunes. *Palpes* noirs, fortement en hache, très-épais; ob-ovalaires dans la femelle. *Yeux* latéraux allongés, étroits, prolongés au-dessous de la tête. *Antennes* insérées en avant des yeux, noires, atteignant la base des cuisses postérieures, article basilaire et commencement du premier jaunes. *Corselet* une fois et demie plus long que large, rétréci et abaissé en avant: quatre points noirs vers le milieu, placés transversalement. *Ecusson* tintinnabuliforme, jaunâtre. *Elytres* arrondies à l'épaule au sommet de la marge et sur la suture, parallèles; deux taches noires en dessous de la base, une plus grosse, quelquefois arrondie ou transverse, vers le milieu, et extrémité également noires. Elles sont déprimées près du corselet, finement pointillées. Poitrine noirâtre, jaune au milieu et sur le côté; abdomen noir, annelé de jaune; cuisses et jambes, excepté leur sommet, jaunes; premier article des tarses postérieurs jaune près de l'insertion; quatre crochets égaux, réunis par deux, divergens; trochanters jaunes, postérieurs épais.

A la première vue, elle ressemble à un *Mylabre*, dont elle a les couleurs et la forme. Envoyée en petit nombre par nos voyageurs.

(3e fascicule. Novembre 1834)

Hétéromère. — Vésicant.

1. LYTTA, *Fab.*, *Brullé*, *Exp. de Morée*, *Ent.*, p. 233. — (*EPICAUTA*, *Dej. Cat.*, 224.)

FUNESTA, *Chevrolat.*

Piloso-cinerea. Palpis, antennis, in elytris antè apicem, macula transversa interrupta suturæ, geniculis, tibiis et tarsis nigris. Thorace longiore latitudine. Elytris latescentibus ad apicem.

Long. 10—16 ½ mil. Lat. 3 ½—6 mil. — Orizaba.

Couverte d'un poil fin, court, cendré. *Tête* noire, creusée et tronquée en arrière, moins revêtue de poils que le dos, arrondie, un peu aplatie vue de côté, sillon longitudinal peu marqué ; ponctuée fortement ; ces points sont élevés sur leur bord, ce qui la fait paraître rugueuse ; ligne profonde entre les antennes ; col étroit, arrondi, ponctué. *Chaperon* ponctué, en carré un peu transverse, aplati et droit en avant. *Lèvre* transversale, arrondie sur les côtés et antérieurement. *Mandibules* et *palpes* noirs, le dernier article oblong, aplati. *Antennes* atteignant le sommet des pattes médianes, noires, premiers articles un peu luisans. *Corselet* plus long que large, partie antérieure du double moins large que la base ; tronqué aux extrémités, marginé en avant avec un sillon sur la base, côte longitudinale au milieu. *Ecusson* allongé, étroit, pointe arrondie ; les côtés sur la base de l'élytre noirs dans quelques individus. *Elytres* guères plus larges que le corselet, très-élargies au sommet, arrondies sur la marge et la suture, grande tache transversale, noire avant l'extrémité et large au milieu, ne faisant qu'effleurer la suture. *Epipleures* nuls ; cuisses et dessous du corps d'un cendré hispide. *Pattes* granuleuses, extrémité des cuisses et jambes noires, ainsi que les tarses et trochanters ; deux épines raides, peu longues au sommet des jambes.

Trouvée abondamment à Orixaba, par nos voyageurs, dans la fleur blanche d'une sorte de *Liseret*.

Elle se placera avant l'*Atrata* de Fab.

(3e fascicule. Novembre 1834.)

Hétéromère. — Vésicant.

2. **LYTTA**, *Fab.*, *Brullé*, *Exp. de Morée*, *Ent.*, p. 233. — (*EPICAUTA*, *Dej. Cat.*, p. 224.

CINCTIPENNIS, *Chevrolat.*

Nigerrima. Capite thoraceque punctatis, medio sulcatis, linea longitudinali in thorace alba. Elytris omnino circumdatis eodem colore. Corpore pedibusque pubescentibus, pulvere leucophæa indutis.

Long. 13—14 $^1/_2$ mil. Lat. 3 $^1/_2$—4 mil. — Zimapan.

D'un noir mat très-foncé. *Tête* un peu aplatie, presqu'en carré, perpendiculaire. Sillon longitudinal, profond, couvert, ainsi qu'à la partie postérieure de la tête, de poils blancs; celle-ci est creusée. Col étroit. *Chaperon* transverse, large, coupé droit. *Lèvre* avancée, large, droite en avant. *Palpes* cendrés, dernier article ob-ovalaire, tronqué obliquement. *Antennes* noires, de onze articles, 3e du double du second. *Corselet* en carré, obliquement tronqué à l'endroit de l'angle antérieur, abaissé en devant, droit et marginé en arrière, ponctué ainsi que la tête. *Ecusson* ponctiforme, blanc. *Elytres* un peu plus larges que le corselet à leur base, s'élargissant, et inclinées au sommet, arrondies sur la suture et la marge; elles sont entièrement entourées d'une frange étroite d'un beau blanc, formé d'un duvet qui s'enlève facilement. Dessous du corps pubescent, noir, couvert, ainsi que les pattes, d'une poussière blanchâtre. Extrémité des jambes avec deux épines intérieures, grêles, partant d'une même base. Tarses noirs; premier article des postérieurs du double plus long que les suivans; quatre ongles réunis par deux.

Elle m'a été offerte par M. Sommer, qui l'a reçue des environs des mines de Zimapan; M. Gory me l'a procurée aussi du même endroit. Doit venir après notre *Funesta*.

(3e fascicule. Octobre 1834.)

Pentamère[1]. — *Cérambycin.*

1. EBURIA, *Serville*, *An. S. Ent. de Fr.* p. 8. 1834.
(*STENOCORUS*, *Fab.*)

STIGMATICA, *Chevrolat.*

Pubescens, cinereo-fusca. Thorace uni-spinoso et uni-tuberculato lateribus, tuberculis duobus dorso, punctis quibusdam foveato. Elytris validis, singulo coleoptero uni-spinoso apice, signato quatuor notis binis, duabus basi cæterisque in medio.

Long. 30 mil. Lat. 9. — Zimapan. D. Gory.

Prima divisio. Serville.

D'un cendré fauve. *Tête* élevée entre les antennes, deux taches triangulaires noires sur le bord du corselet. *Palpes* poilus, rougeâtres, dernier article obconique, tronqué, creusé intérieurement. *Yeux* très-échancrés en dessus, noirs, à hachures. *Antennes* un peu plus longues que le corps dans la femelle, du double dans le mâle, pubescentes, article basilaire

---

[1] Quoique la plupart des insectes de cette famille paraissent Tétramères, il est aisé, avec une forte loupe, de reconnaître qu'ils ont cinq articles aux tarses. Le 4e article se voit à la base du 5e, seulement en-dessus, et il est infiniment petit. Cela me dispensera d'en parler ultérieurement.

rougeâtre, évasement sur le devant, saillie cornue à leur base intérieure. *Corselet* aussi haut que large, tronqué aux extrémités; une épine latérale au milieu et un tubercule également latéral près du bord antérieur; deux tubercules sur le dos avant le centre; base avec une ligne enfoncée, près du bord, transversalement étranglée : il est couvert d'un petit nombre de gros points. *Ecusson* arrondi en arrière. *Elytres* robustes, plus larges que le corselet, unies, épineuses près de l'extrémité de la marge, tronquées sur la suture; marge arrondie, creusée; sur chaque étui, quatre taches alongées, assez rapprochées, deux au milieu en dessous de la base, deux autres au milieu de leur longueur. *Pattes* et dessous du corps de la couleur générale; les quatre cuisses postérieures bi-épineuses aux genoux; jambes munies au sommet de deux petites épines.

Elle se placera avant la *Didyma* d'Olivier.

Pentamère? — Lamiaire.

1. **ONYCHOCERUS**, *Serville.* — (*ACANTHONICUS*, *Meg. Cat. Dej.*, p. 106, 1er cat. — *LAMIA, Fab.*)

UNDATUS, *Chevrolat.*

Lamiâ Scorpione, *F. minor. Pulvere leucophæo indutus. Faucibus, articulis antennarum vertice, oculis, in thorace quinque notis exiguis; in elytris sex notis circinatis cum fascia flexuosa ultrà medium, apice tibiarum, et 3° articulo tarsorum nigris. Capite sulcato. Ultimo articulo antennarum uncinato. Thorace transverso, subbinodoso lateribus. Elytris latis, brevibus.*

Long. 9—12 mil. Lat. 4 ½—6 mil. — Zimapan.

Plus petit que le *Scorpio* de Fab., d'un gris blanc sale, la ponctuation en dessus, espacée, peu profonde. *Tête* modérément alongée jusqu'aux antennes, tronquée en devant, sillonnée dans sa longueur et en travers antérieurement; deux petites taches noires en arrière des yeux au bord du corselet; dessous de la gorge noire. *Lèvre* transversale. *Yeux* étroits, en lunule. *Antennes* guère plus longues que le corps; 1er article très-renflé, sommet des 3-7es, moitié du 8e, la presque totalité du 9e, et les 10e et 11e noirs; les 3e et 4e fort longs, égaux. *Corselet* transverse, un peu sinueux et atténué à la base, droit en s'arrondissant sur la tête, cerclé surtout sur le côté, un peu avancé et comme bi-tuberculeux au milieu latéral; cinq petites taches luisantes au dos, dont quatre presque transversales, les deux internes un peu abaissées; 5e au milieu près du bord inférieur. *Ecusson* blanc, carré, noir à la base. *Elytres* raccourcies, plus larges que le corselet, arrondies à l'extrémité de la marge, angulaires sur la suture; six points noirâtres, au-dessous de l'écusson, disposés circulairement; bande noire flexueuse au-delà, n'atteignant ni la marge ni la suture. *Pattes* courtes, insérées sur les côtés. Cuisses minces à leur naissance, subitement enflées. Jambes arrondies, brèves, noires au sommet; 3e article des tarses également de cette couleur. Dessous du corps aplati, d'un blanc argenté; premier segment de l'abdomen large, suivans transverses, ayant sur chaque côté un petit point noir.

Trouvé à la Véra-Cruz et en d'autres provinces par nos voyageurs. M. Gory en a eu un assez grand nombre des environs des mines de Zimapan.

(3e fascicule. Novembre 1834.)

Pentamère[1]. — *Cyclique.*

1. CASSIDA, *Fab.*

ILLUSTRIS, *Chevrolat*.

Cassidæ 6-pustulatæ, *Fab. simillima. Cærulea. Thorace viridi-nitido, in capite sub-emarginato, foveis duabus et linea longitudinali impresso. Elytris in circulo convexis, valdè punctatis. Singulo coleoptero cum tribus maculis rubro-flavïdis.*

Long. ♂ 13 mil. ♀ 18. Lat. ♂ 11 mil. ♀ 13. — Tuspan.

Le mâle n'est guère plus grand que la *Cas. 6-pustulata;* même division. *Tête* étroite en dessus et sillonnée, inclinée en dessous, recouverte d'une mentonnière avancée. *Antennes* sétacées, placées entre les yeux, rapprochées par la base; de onze articles; d'un noir cendré, les quatre premiers plus luisans, le dernier acuminé. *Corselet* transversal évasé seulement sur la tête, cintré et avancé sur l'écusson, arrondi antérieurement sur le côté, marqué d'une faible ligne longitudinale et de deux points au milieu, rapprochés de cette ligne; d'un vert mat, brillant sur les bords. *Ecusson* arrondi en arrière, avec une dépression en avant. *Elytres* de forme circulaire dans

[1] Même observation que pour l'*Eburia stigmatica* de ce fascicule.

le mâle, alongées dans la femelle, convexes; élévation oblique à l'épaule. Chaque étui a trois grosses taches d'un rouge orangé; 1re appuyée à la base, allongée, rapprochée de la suture; 2e près du milieu de la marge, presque en dehors du pli qui tourne avec l'élytre; 3e ronde, grande, avant l'extrémité et au-dessous de la première, sans atteindre au pli. *Epipleures* inclinés et larges; tache marginale paraissant presqu'en entier. *Corps* en dessous d'un vert noirâtre, la partie inférieure de chaque segment de l'abdomen est marginée d'un peu de jaune. Sommet des jambes et dessous des tarses d'un jaune soyeux; ceux-ci sont étroits et longuement bifides.

Trouvée en petit nombre à Tuspan, par nos voyageurs, pendant le mois de juin, sur une *Liane* ayant de larges feuilles comme celles de la vanille; elle vient près de la 6-*Pustulata*.

Pentamère. — Cyclique.

2. CASSIDA, *Fab.*

DISJUNCTA, *Chevrolat.*

Nigra, elongata, ovalis. Elytris et thorace flavis, cum lineis duabus atris, ellipticis, disjunctisque apicibus, linea dorsali atrâ. Thorace semi-circulari, subreflexo lateribus. Limbo abdominis flavo.

Long. 10 mil. Lat. 6 ½ mil.

En ovale alongé, d'un jaune gomme-gutte. *Tête* noire, inclinée en dessous, recouverte par le corselet, trisillonnée dans son milieu; mentonnière étranglée à la base. *Yeux* noirs. *Antennes* noires; 2e, 3e et partie du 4^r^ article jaunes en dessous. *Corselet* semi-circulaire, avancé et arrondi sur l'écusson, creusé près des bords; marge épaisse, relevée; trois lignes noires non réunies au sommet, marge postérieure et l'écusson de même couleur. L'*Ecusson* est arrondi par le bas. *Elytres* un peu plus larges que le corselet, deux fois et demie plus longues; de chaque côté une ligne qui, réunie à celle du corselet, forme une ellipse interrompue aux extrémités; le milieu du dos forme, de chaque côté de la suture, une large ligne noire dans toute sa longueur; elles ont quelques stries irrégulières formées de points. *Epipleures* abaissés, jaunes.

Dessous du corps d'un noir très-foncé, un peu luisant; côtés de l'abdomen marginés de jaune.

Le corselet et les élytres sont épais et font voir à la transparence des points quelquefois doubles, de forme poreuse.

Je l'ai reçue à Altona de M. Sommer; elle a été trouvée aux environs de Mexico.

Pentamère. — Cyclique.

1. ÆDIONYCHIS, *Lat.*, *Règ. an.* — (*PHYSAPUS*, *Ill.* — *ALTICA*, *Auctorum.*)

BIPUNCTATA, *Chevrolat.*

Nigra. Thorace transverso, lævi, cum elytris obscure-flavis, his creberrimè punctatis, et duabus maculis nigris. Scutello nigro.

Long. 7 mil. Lat. 5 mil. — Véra-Cruz.

Divisio prima.

Tête noire, brillante et lisse en arrière, sillonnée, ponctuée le long des yeux, ayant une tache en arrière des antennes d'un jaune obscur. *Chaperon* élevé, rebordé. *Palpes* noirâtres, dernier article acuminé. *Antennes* d'un noir brunâtre, 1er article longitudinalement pâle en dehors. *Yeux* ronds, d'un noir mat, à hachures profondes. *Corselet* lisse, étroit, transverse, échancré en avant, droit à la base, angles antérieurs aigus, creusés; impressionné d'une ligne et marginé sur le côté, milieu peu convexe, dessus jaune, bords seulement de cette couleur en dessous. *Ecusson* arrondi un peu triangulairement. *Elytres* guère plus larges que le corselet à l'épaule, très-élargies et arrondies à l'extrémité, à peine anguleuses sur la suture; marge creusée, relevée et rebordée faiblement, assez fortement ponctuée; impression oblique vers le milieu de la base; chaque étui a une tache noire aux deux tiers de leur longueur, assez rapprochée de la marge. *Epipleures* commençant largement, creusés, jaunes. Tête en dessous, poitrine et pattes, d'un noir foncé; cuisses postérieures très-enflées; abdomen d'un jaunâtre très-obscur, ayant le bord inférieur de chaque segment plus clair.

Etait unique dans l'envoi fait par nos voyageurs.

Elle se placera près de la *Vittata* d'Olivier.

Pentamère. — Cyclique.

2. ÆDIONYCHIS, *Lat.* — (*Pedema*, *Dej.* — *Physapus*, *Ill.* — *Altica*, *Geoffroy*.)

Abdominalis, *Chevrolat.*

Violacea vel cœrulea. Capite, antennis, tibiis, tarsis et pectore nigris. Thorace lævi, femoribus abdomineque flavo-rubidis. Elytris punctato-coriaceis.

Long. 9 mil. Lat. 5 mil.

Divisio prima.

Tête très-noire, inégale. *Lèvre* le plus souvent jaunâtre. *Antennes* dépassant les genoux des pattes médianes, noires avec l'article basilaire rougeâtre. *Yeux* arrondis, saillans, bruns. *Corselet* transversal, incliné en devant et très-échancré; angles antérieurs avancés jusqu'au-delà des yeux, lisse, déprimé latéralement, cintré sur les élytres, et un peu sinueux avant les angles postérieurs, rouge et devenant jaunâtre après la mort. *Ecusson* arrondi en arrière, noir et lisse. *Elytres* plus larges que le corselet, élargies au-delà du milieu, arrondies à l'extrémité et sur la suture, faiblement marginées, relevées et déprimées en marge, couvertes de points nombreux; chagrinées: elles sont d'une couleur violette ou bleue. *Epipleures* creusés dans leur largeur. *Cuisses* rouges, postérieures extrêmement renflées. *Jambes* noires, revêtues de poils cendrés, le dos des quatre antérieures sillonné profondément, sommet des postérieures armé d'un petit crochet aigu. *Tarses* noirs en brosses par dessous, dernier article des postérieurs terminé en boule. Abdomen rougeâtre, le plus souvent sa base est noire.

Trouvée très-abondamment, par nos voyageurs, aux environs de Véra-Cruz, sur une plante veloutée qui cause la même irritation que l'ortie.

(3e fascicule. Novembre 1834.)

Pentamère. — Cyclique.

3. ÆDIONYCHIS, *Lat.* — (PEDEMA, *Dej.* — PHYSAPUS, *Ill.* — ALTICA, *Auctorum.*)

BIARCUATA, *Chevrolat.*

Luteola. Macula quadrata basi elytrorum, et in medio fascia bi-arcuata, nigris. Capite rubro. Thorace eodem colore, transverso, profundè sulcato et reflexo lateribus. Dimidio extremo antennarum fusco.

Long. 7 mil. Lat. 4 mil. — Tuspan.

Divisio secunda.

Tête rougeâtre, enfoncement arrondi au front, côte entre les antennes. *Yeux* pâles ou noirâtres, à hachures. *Antennes* brunes; quatre premiers articles jaunes; elles atteignent le sommet des cuisses postérieures. *Corselet* beaucoup plus large que la tête, aplati quoique légèrement convexe, lisse, rougeâtre, transverse, droit à la base, très-échancré et aigu aux angles antérieurs, modérément arrondi et un peu rétréci en avant; sillon profond près de la marge, rebord élevé et oblique. *Ecusson* triangulaire, jaune. *Elytres* jaunes, allongées, ovalaires, peu convexes; carrées, noires à la base, ayant quelquefois une ligne longitudinale vers le centre; bande de même couleur, au-delà du milieu, arquée sur chaque étui; rebord saillant, mince, creusé en avant; elles sont peu ponctuées. *Epipleures* sinueux intérieurement, très-creux, marginés de chaque côté, jaunes. *Corps* en dessous et *pattes* rougeâtres. Cuisses postérieures fort larges, aplaties, ponctuées. Sommet des jambes avec un sillon court pour recevoir le tarse; dernier article des postérieurs en boule.

Prise assez abondamment par Mme Sallé et M. Vasselet.

(3e fascicule. Octobre 1834.)

Pentamère. — Cyclique.

1. ALTICA, *Auctorum.* — (*Div.* *SALTATRIX*, *Ill.*)

CINCTIPENNIS, *Chevrolat.*

Flava. Statura Alticæ albicollis, *Fab. Capite nigro (clypeo punctoque frontali albis). Thorace in individuis nuperrimè captis miniato. Antennis scutelloque nigris. Elytris omnino marginatis nigro, in femina sutura cruciformi cum puncto humerali nigris. Epipleuris, pectore pedibusque (basi excepta) eodem colore.*

Long. 6 – 7 ½ mil. Lat. 3 ½ — 4 mil. — Tuspan.

Tête noire, deux taches trianguliformes en avant et une arrondie sur le front, blanches. *Yeux* et *antennes* noirs. *Corselet* transversal, échancré sur la tête; angles antérieurs aigus; un peu cintré sur les élytres, creusé tout le long du bord latéral, d'un rouge tendre, jaunâtre après la mort. *Ecusson*, tout l'entourage des élytres, et les *épipleures* noirs. *Elytres* d'un jaune d'ivoire; dessous du thorax et abdomen jaunes. *Poitrine* noire. *Pattes* de cette dernière couleur, couvertes d'un duvet argenté; leur base est jaunâtre.

Chez la femelle, une ligne cruciforme au tiers de la base, et un point huméral noirs. J'en possède une variété où il y a commencement de réunion entre la croix et le point huméral.

Trouvée en bon nombre, à Tuspan, par nos voyageurs, sur une grosse plante épineuse. Elle se placera près de la 6-*Guttata* de Schœnherr.

(3e fascicule. Novembre 1834.)

Pentamère. — Cyclique.

1. PLATIPROSOPUS [1], *Chevrolat.* — (*ALTICA, Auctorum.* — *Div.* SALTATRIX, *Ill.*)

ACUTANGULUS, *Chevrolat.*

Lævigatus, flavus. Mandibulis apice, antennis, oculis, tarsisque nigris. Thorace transverso, reflexo lateribus, sulco margines circumdante, angulis acutis. Elytris convexis. Tarsis quatuor unguiculatis.

Long. 7 mil. Lat. 4 mil. — Véra-Cruz.

Jaune et lisse. *Tête* large, arrondie en dessus; impression cruciforme plus profonde en travers. *Chaperon* élevé et angulaire avec une côte entre les antennes. *Mandibules* noires à leur sommet. *Antennes* plus longues que la moitié du corps, noires, les deux premies articles luisans, celui basilaire jaune. *Yeux* noirâtres, saillans, ronds, situés en dessous de la base des antennes, et éloignés du corselet. *Corselet* transverse, droit aux extrémités, légèrement arrondi au milieu et relevé sur les côtés, ligne creusée à l'entour, angles aigus; il est plus large que la tête, et un peu convexe au centre. *Ecusson* conique, arrondi par le bas. *Elytres* plus larges que le corselet, arrondies sur l'épaule et à l'extrémité, très-convexes, bord

---

[1] Πλατυπροσωπος, qui a le front large.

extérieur relevé. *Epipleures* creusés, étroits. *Pattes* jaunes à l'exception des tarses. Cuisses postérieures renflées d'une manière assez forte : 1er article des tarses conique ; 2e triangulaire, moins large ; 3e bifide ; 4e presque nul ; le 5e est le plus long de tous, quoique guère plus que le 1er ; ongles robustes, renversés sur eux-mêmes.

Envoi de Mme Sallé et de M. Vasselet.

Les palpes dont le 2e article est assez long, un peu en massue au sommet ; le 3e court, renflé ; le dernier très-pointu et en forme d'alène, ainsi que ses tarses à quatre crochets ; tous ces caractères m'ont fait penser que cette insecte devait former un genre nouveau dans la famille des *Alticides*.

(3e fascicule. Novembre 1834.)

COLÉOPÈRES DU MEXIQUE.

Pentamère. — Clavipalpe.

1. LANGURIA, *Ol. Lat.*

SCAPULARIS, *Chevrolat.*

Linearis, cærulea. Capite, thorace, macula aculeata basi coleopterorum, femoribus ortu, corporeque subtus rubris. Margine laterali thoracis cærulea. Elytris punctato-striatis. Clava 5 *articulata oculisque nigris.*

Long. 13 mil. Lat. 3 mil. — Véra-Cruz.

Tête rouge, alongée, convexe en dessus, lisse; faibles lignes, l'une transversale, l'autre en dedans et le long des yeux. *Mandibules* bifides, noires. *Yeux* ronds, noirs. *Antennes* un peu plus courtes que le corselet, bleues; massue noire, de cinq articles, dernier lenticulaire, aplati au sommet. *Corselet* rouge, bleu sur le côté, très-long, parallèle, plus long que la tête, caréné latéralement, droit aux extrémités, marge et base ayant une ligne enfoncée. *Ecusson* arrondi, transverse, aigu par le bas, creusé à l'entour. *Elytres* ayant trois fois la longueur du corselet, amincies et arrondies au sommet (une épine petite, placée en dedans de la suture, celle-ci faiblement échancrée et épineuse; rebord couvert de poils raides), sept stries sur chaque, formées de points rapprochés; marge profonde au-dessous de l'épaule, continuée latéralement; elles sont bleues avec une tache basale rouge, prolongée en pointe. Dessous du corps et naissance des cuisses de même couleur; aux antérieures, le rouge s'étend jusque vers le milieu. *Pattes* bleues. Tarses postérieurs longs, étroits; ceux des quatre antérieurs distinctement pentamères, crochets rapprochés, rouges.

Était unique dans le troisième envoi de Mme Sallé et M. Vasselet.

(3e fascicule. Novembre 1834.)

Trimère. — Aphidiphage.

1. COCCINELLA, *Fab.*

IMMACULICOLLIS, *Chevrolat.*

Coccinellæ boreali, *Fab. simillima, sed thorace immaculato. Punctulata, pubescens, flavicante-rubida. Singulo coleoptero cum septem maculis rotundatis nigris : 3, 3, transversè positis et prima subapicali.*

Long. 7 mil. Lat. 8 mil. — Véra-Cruz. Tuspan Alvarado.

D'un jaune roux, pubescente et ponctuée en dessus. *Tête* large, léger sillon à l'occiput. *Corselet* étroitement transverse, échancré en cintre sur la tête, avancé en s'arrondissant angulairement sur l'écusson; bords latéraux larges, abaissés et creusés; convexe et sillonné au milieu. *Ecusson* en triangle aigu. *Elytres* convexes et rondes, marquées de quatorze petites taches arrondies, noires; six sur une ligne transverse, dont les deux avoisinant la suture un peu plus élevées; six au milieu plus grosses, et une de chaque côté, bien avant l'extrémité, en regard et au-dessous de la tache centrale de la ligne supérieure. *Epipleures* larges, creusés dans toute leur étendue. Dessous des cuisses profondément canaliculé dans leur longueur.

Var. β. Points noirs des élytres très-petits et obsolètes, le troisième sutural de la première bande ayant disparu.

Var. γ. Les trois points au-dessous de la base des

élytres formant une bande transverse qui n'atteint pas la marge, un point seulement près de l'extrémité.

Var. δ. Les trois points des élytres, au-dessous de la base, adhérant entre eux.

Var. ε. Comme la précédente ; mais les trois points de la seconde bande également réunis sur leurs bords.

Var. ξ. Sur les élytres, au lieu de points, deux bandes qui n'atteignent pas la marge.

Elle se retrouve à la Havane ; mais elle offre quelque différence en ce que les taches sont plus alongées et presque contiguës à la première bande.

Différence entre les *Coccinella*

borealis et	*immaculicollis*.
Taille un peu plus arrondie.	Taille plus grande et alongée.
Yeux et mandibules noirs.	Yeux et mandibules fauves ; mandibules seulement plus obscures.
Corselet avec quatre points : un à chaque bord antérieur et postérieur, et un sur chaque côté.	Corselet sans aucun point.
Elytres peu pubescentes, luisantes. Taches plus grandes, celles de la première bande contiguës.	Elytres très-pubescentes. Taches petites, arrondies et espacées.

Observation. J'ai remarqué aux tarses des Coccinelles quatre grands crochets égaux, ce que je ne vois encore consigné nulle part.

(3e fascicule. 1834)

Pentamère. — Carabique.

2. CHLÆNIUS, *Bonelli.*

LEUCOSCELIS, *Chevrolat.*

Violaceo-cæruleus, niger infra. Labio, tribus primis articulis antennarum pedibusque rubris. Capite anticè, thorace lateribus basi, bifoveatis, lævibus. Thorace cordato, linea longitudinali impresso. Elytris pubescentibus, punctulatis, striis punctatis.

Long. 13 mil. Lat. 5 $^1/_4$ mil. — Véra-Cruz. Mexico.

D'un beau bleu violacé, noir en dessous. *Tête* lisse, longue, prolongée et arrondie sur les côtés en arrière des yeux. Deux fossettes et une ligne transversale entre les antennes. *Chaperon* coupé droit en avant. *Lèvre* carrée, munie de trois à quatre points avec poil sur son bord. *Mandibules* noires. *Palpes* et les trois premiers articles des antennes rouges, les suivans d'un brun clair : elles dépassent les genoux des pattes médianes. *Yeux* saillans, ronds, pâles. *Corselet* aplati, en cœur, tronqué aux extrémités, lisse, avancé en s'arrondissant sur le côté à sa partie antérieure, angles postérieurs droits, un peu relevés, faibles : deux fossettes avancées, impressionnées en avant, points assez gros au milieu des bords antérieurs et postérieurs, ligne longitudinale profonde, fourchue vers le haut, ne touchant pas à la base : il est plus large que la tête, y compris les yeux. *Ecusson* triangulaire, noir. *Elytres* plus larges que le corselet, arrondies en dehors de l'épaule et à l'extrémité de la marge, légèrement sinueuses peu après, avancées sur la suture et angulaires en dedans. Elles s'élargissent vers le milieu; huit stries ponctuées sur chaque; de plus une autre petite prolongée au-delà de l'écusson; celles avoisinant la suture un peu sinueuses. Interstices pointillés comme dans les *Ophones*, à pubescences grises près des bords; ceux-ci minces et relevés. *Epipleures* noirs, larges seulement à leur naissance. Dessous du corps d'un noir mat, ponctué. Trocanters noirs. *Pattes* d'un rouge ferrugineux. Jambes, surtout en dehors, d'un blanc jaune. Mâle.

Je dois cette nouvelle espèce à M. le comte Dejean, reçue depuis de nos voyageurs. — Elle se placera près du *Sericeus* de Forster.

Pentamère. — Carabique.

3. CHLÆNIUS, *Bonelli.*

CHALYBEIPENNIS, *Chevrolat.*

Niger infrà. Palpis, labio, mandibulis, tribus primis articulis antennarum, trochanteribus pedibusque rubris. Capite lævi, bifoveato, viridi. Thorace eodem colore, subquadrato, rotundato lateribus, punctulato, cum linea longitudinali et sulcis duobus longis, basi. Elytris cyaneis, oblongis, ovalibus, cum 16 *striis-punctatis, interstitiis squamoso-punctulatis.*

Long. 12 mil. Lat. 5 mil.

Tête lisse, d'un vert assez brillant. Deux impressions ponctiformes à la base des antennes, un peu ridées en dessus. *Chaperon* droit. *Lèvre* transverse, bord antérieur couvert de points enfoncés. *Mandibules* d'un ferrugineux obscur, enfoncement conique au côté extérieur. *Palpes* ferrugineux. *Antennes*, atteignant presque le sommet des cuisses médianes, d'un brun clair, les trois premiers articles ferrugineux. *Yeux* ronds, saillans, obscurs. *Corselet* droit à la base, tronqué en tournant sur la tête, arrondi et élargi sur le milieu du bord latéral, plus étroit près de la tête et plus large qu'elle, y compris les yeux. Ligne longitudinale interrompue aux extrémités, deux impressions profondes en avant et ayant le tiers de sa hauteur, appuyées à la base, placées entre la ligne longitudinale et la marge : il est d'un vert très-brillant et son pointillé est assez fort. *Ecusson* triangulaire. *Elytres* en ovale long, parallèles au milieu, arrondies sur l'extérieur de l'épaule et l'extrémité de la marge, un peu sinueuses au-delà ; elles sont d'un bleu foncé et légèrement pubescentes : huit stries à points enfoncés et contigus ; une plus courte au-dessous de l'écusson ; première strie suturale réunie près de la base à la seconde ; interstices légèrement granuleux. *Epipleures* et dessous du corps d'un noir mat. Trocanters et pattes d'un rouge ferrugineux, les trois premiers articles des tarses antérieurs, arrondis, larges et épais, garnis de poils aux côtés. Mâle.

Je dois cette nouvelle espèce à M. le comte Dejean, qui la croit originaire, des environs de la Véra-Cruz. Elle se placera près du *Prasinus* de Dejean et du *Vigilans* de Say. Cette dernière espèce paraît en être excessivement voisine, mais cet auteur dit que les angles postérieurs du corselet sont *obtusement anguleux et qu'il est couvert de poils courts épais ;* à l'exception de ces caractères, le reste de sa description convient assez au nôtre.

Pentamère. — Sternoxe.

3. ACMEODERA, *Solier, An. S. Ent. de Fr.* p. 274. 1833. *Eschs. Cat. Dej.* p. 75. — (*BUPRESTIS, F. Ol.*)

VIRIDISSIMA, *Chevrolat.*

Bupresti flavo-maculatæ, *Gray, simillima, sed colore alio. Pilosa, punctata, viridis. Impressione triangulari basi in thorace. Elytris striis crenato-punctatis, margine serratis. Corpore subtus cyaneo viridi, femoribus concoloribus; tibiis albo-pilosis.*

Long. 11 mil. Lat. 4 ½ mil.

Plus grande que notre *A. lateralis*. D'un vert foncé, bleuâtre sur le côté. *Tête* sillonnée au milieu, couverte de gros points. *Chaperon* évasé en s'arrondissant. *Antennes* plus courtes que le corselet, d'un noir métallique un peu vert. *Yeux* jaunes, étroits. *Corselet* plus large que haut, droit à la base, échancré semicirculairement sur la tête et avancé vers les côtés, incliné latéralement près du dos : enfoncement triangulaire à sa partie postérieure avec sillon au milieu ; il est couvert de points enfoncés, offrant des réseaux ou nervures près de la marge ; celle-ci faiblement relevée, brillante. Place de l'*Ecusson* avec une dépression. *Elytres* un peu plus étroites que le corselet, diminuant insensiblement et arrondies sur la suture, dentées, base à peine canelée, ayant deux côtes longitudinales courtes se dirigeant sur les troisième et cinquième stries. Les quatre suturales se forment aux deux tiers de leur longueur en sillons offrant des enfoncemens ponctués et des petites côtes inégales (Interstices à points doubles), ne s'élevant pas au-dessus des stries; les six dernières stries réticulées, scabreuses et comme épineuses en se rapprochant des bords. Épaule élevée, sinueusement creusée en dessous. Corps d'un vert bleu plus clair qu'en dessus, uni, couvert de points guillochés en travers, comme cela se voit sur les élytres des *Cétoines*. *Pattes* vertes, jambes cambrées, revêtues de poils cendrés.

Des environs de Mexico. Elle m'a été cédée par M. Gory, et se placera avant notre *Lateralis*.

COLÉOPTÈRES DU MEXIQUE.

Pentamère. — Lamellicorne.

1. COPROBIUS, *Lat.*, *Cat. Dej.*, pag. 156. — *Ateuchus*, *Fab. et auct.*)

FEMORALIS, *Chevrolat.*

Nitidus, cyaneus, nigro-viridis infrà. Palpis, antennis, pedibus quatuor posticis (femoribus basi geniculisque nigris) flavis. Clypeo 4-dento. Elytris sub-striatis.

Long. 8 mil. Lat. 5 1/2 mil. — Tuspan.

Bleu. *Tête* inclinée, avancée sur le corselet en s'arrondissant, également arrondie sur le devant; quatre dents au chaperon, les deux internes plus longues; lisse, mate; ligne enfoncée, étroite, appuyée au bord intérieur de l'œil, arquée, transverse, réunie à une autre ligne légère, partant du bord, et située entre les dents et l'œil. *Palpes* jaunes. *Antennes* de même couleur; massue cendrée. *Yeux* pâles, doubles, étroits et petits en dessus, ronds en dessous. *Corselet* échancré anguleusement derrière la tête, marginé avec une ligne sur son bord, arrondi sur le centre des élytres, anguleux sur le côté, avant le milieu, droit jusqu'à la base, tronqué obliquement en avant, marginé et creusé latéralement; angles antérieurs aigus; il est convexe, abaissé sur la tête, très-uni et brillant. *Ecusson* non visible en dessus. *Elytres* aussi longues que larges à l'extrémité, arrondies au sommet de la marge, biaisant un peu et anguleuses sur la suture, largement marginées; quelques faibles lignes figurent des stries. *Pygidium* anguliforme en dessus, arrondi en dessous, noir. *Corps* d'un vert noirâtre. *Pattes* antérieures vertes, à jambes tridentées extérieurement, tarses jaunes. Les quatre pattes postérieures jaunes, avec leurs tarses obscurs; base des cuisses et genoux noirs.

Du troisième envoi de nos voyageurs. Pris en petit nombre.

COLÉOPTÈRES DU MEXIQUE.

Pentamère. — Lamellicorne.

1. ANOMALA, *Meg. Cat. Dej.*, *p.* 155.

CUPRICOLLIS, *Dupont.* (*inedita*), *Cat. Dej.*

Punctata, cupreo-ærea. Elytris flavescentibus, striato-punctatis, interstitiis punctatis. Clypeo rotundato, sub-reflexo. Thorace transversali, circulatìm producto basi, uni-impresso lateribus. Pygidio angulosè-rotundato, læviter granuloso. Palpis antennisque fuscis. Tibiis anticis bidentatis, medianis et posticis incrassatis, cum setis rigidis, apice ciliatis.

Long. 17 mil. cum pygidio. Lat. 5 1/4 mil.

Tête, corselet et écusson d'un bronzé brillant. *Tête* large, un peu aplatie quoique convexe, traversée en avant des yeux par une côte; ponctuation multipliée. *Chaperon* relevé et arrondi. *Antennes* et palpes fauves. *Yeux* gros, très-noirs, unis, ayant en dessus un petit avancement aigu et étroit. *Corselet* transverse, avancé en s'arrondissant sur l'écusson, échancré semi-circulairement sur la tête, avec les angles appuyés aux yeux, presque droit sur le côté en se rétrécissant au sommet, faiblement impressionné d'une ligne et marginé sur tous ses bords; ponctué d'une manière moins serrée et plus prononcée que sur la tête; un point latéral enfoncé avant le milieu. *Ecusson* grand, ponctué, arrondi en arrière. *Elytres* ovalaires, arrondies au sommet de la marge, à peine sur la suture, d'un bronzé jaunâtre; points irréguliers près de la suture, disposés en stries sur les côtés; marge rebordée faiblement jusqu'aux deux tiers. *Epipleures* étroits, noirâtres. *Pygidium* anguleusement arrondi, d'un bronzé mat, finement ruguleux ou coriacé. *Corps* en dessous et *pattes* d'un métallique bronzé, brillans, ponctués. *Jambes* antérieures ayant l'extrémité crochue, une dent extérieure au-delà du milieu, et une épine intérieure; médianes et postérieures renflées au milieu, à poils et soies épineux, ciliées au sommet, avec une ou deux coutures figurant une articulation; ces dernières sont ciliées à l'extrémité. *Tarses* d'un bronzé noirâtre; crochets contigués, courbés, aigus et ayant à leur naissance deux poils réunis à peu près de leur longueur.

Je l'ai reçu de M. le comte Dejean, qui pense qu'elle provient des environs de la Véra-Cruz.

Pentamère. — Lamellicorne.

1. MACRASPIS, *Mac Leay*.

SPLENDENS, *Klug* (*inedita*), *Cat. Dej.*, p. 154.

Viridi-aurata, micans. Antennis tarsisque nigris. Clypeo rotundato. Capite punctato, ruguloso. Thorace trigono basi, angustiore apice, punctulato, marginato lateribus. Scutello triangulari, magno, lævi. Elytris viridibus punctulato-striatis; pygidio rotundè-anguloso cum impressione laterali. Cornu sternali producta et curvata.

Long. 14 mil Lat. 8 mil.

C'est l'une des plus petites de ce genre. Vert doré brillant. *Tête* abaissée, arrondie sur le chaperon, très-ponctuée et d'une manière ruguleuse. *Antennes* noires. *Yeux* jaunes, ayant en dessus un avancement presque réuni à l'angle du corselet. *Corselet* échancré en cintre sur la tête (angles aigus), base avancée sur les élytres, arqué en dessous jusqu'au bord de l'écusson, tronquée sur lui en s'arrondissant un peu; bords droits de la base jusqu'au milieu, arrondis et rétrécis en avant, marginés ainsi que le bord antérieur, pointillé, un peu plus fortement près de la tête. *Ecusson* très-grand, triangulaire, lisse. *Elytres* guère plus larges que le corselet, brièvement tronquées extérieurement sur l'épaule, élargies vers le milieu, arrondies au sommet de la marge, légèrement évasées et angulaires sur la suture; vertes, ayant chacune onzé stries, formées de petits points rapprochés; deuxième suturale moins régulière. *Pygidium* débordant les élytres, arrondi anguleusement, lisse, ruguleux sur ses bords; deux enfoncemens profonds, l'un à chaque côté. *Pattes* et dessous du corps d'un vert doré; tarses noirs à poils épineux en dessous; deux onglets aigus, aplatis; pointe sternale courbe, très-avancée.

M. le comte Dejean, de qui je la tiens, pense qu'elle a été trouvée aux environs de la Véra-Cruz.

Pentamère. — Lamellicorne.

1. MACRODACTYLUS, *Latreille.*

LINEATUS, *Chevrolat.*

Elongatus, griseo-pilosus. Palpis, antennis, femoribus et tibiis rubris. Tarsis nigris. Thorace lateribus angulato. Elytris lineis ferrugineis, sutura et margine nigro-brunneis. ♀

Long. 10 mil. cum pygidio. Lat. 4—5 mil.

Couvert d'un poil jaunâtre. *Tête* allongée. *Chaperon* arrondi. *Palpes* et *antennes* roux. *Yeux* pâles, ronds ; ayant un petit avancement aigu en dessus, sur le bord latéral de la tête. *Corselet* étroit, long, cintré faiblement sur l'écusson, droit, entourant la tête, côtés obliques un peu rebordés, anguleux avant le milieu. *Ecusson* plus que moyen, arrondi en arrière. *Elytres* plus larges que le corselet, longues, élargies avant le sommet et arrondies, anguleuses à la suture ; celle-ci est d'un noir brun ; sur chacune trois lignes ferrugineuses, brunes à leur extrémité, les deux suturales réunies ; marge brune. *Pygidium* avancé, étroit, incliné, arrondi par le bas, poilu, surmonté d'un segment rougeâtre. Corps en dessous revêtu de poils courts, d'un gris cendré, plus pâle qu'en dessus, cuisses antérieures bidentées en dehors, rouges. Jambes de même couleur, brunâtres à l'extrémité, à poils épineux : deux épines aiguës les terminent. Tarses noirs, longs, à soies épineuses, au sommet de chaque article. Femelle.

Elle m'a été donnée comme espèce nouvelle par M. le comte Dejean et provenait d'une collection formée aux environs de la Véra-Cruz, à ce qu'il pense.

(4e fascicule: 1834.)

Pentamère. — Métithophiles.

1. CETONIA, *Fab.*

DIMIDIATA, *Klug, Gory, Percher. Mon.* 1er liv. p. 64.

Nigra. Plus dimidio anteriore elytrorum rubro, cum macula quadrata scutellari nigra. Capite angusto, clypeo rotundato sub-reflexo. Thorace valdè punctato, producto in elytris, circulatìm truncato in scutello, hoc conico. Corpore subtus pilis cinereis induto.

Long. 11—12 mil. Lat. 6 ½ mil.

Noire. *Tête* étroite, très-ponctuée. *Antennes* et *yeux* noirs. *Corselet* arrondi aux côtés postérieurs, plus étroit près de la tête, oblique à la base et tronqué légèrement en cintre en dessus de l'écusson, à peine marginé, couvert de poils roux; points assez multipliés et profonds, un peu saillans sur leurs bords. *Ecusson* conique, très-allongé, lisse. *Elytres* plus larges que le corselet, avancées et sinueusement creusées sous l'épaule, arrondies à l'extrémité; suture élevée, aiguë. Plus de la moitié de leur commencement rouge avec une tache carrée noire, couvrant l'écusson. Le noir de la partie postérieure est coupé droit : points guillochés, quelquefois petits et arrondis, ou bien ouverts par le bas; deux côtes peu apparentes non entières sur chaque étui; ligne étroite peu enfoncée près de la marge. *Pygidium* arrondi, un peu anguleux, couvert de poils gris. Tout le dessous du corps d'un blanc très-hispide. Trois dents extérieures aux jambes de devant, une au dos des médianes, une autre bidentée au sommet, munies en plus de deux épines aiguës; les portérieures en ont aussi une au dos, et leur sommet est tronqué. *Sternum* lisse, arrondi, transverse.

Prise très-abondamment au pic d'Orixaba, par M. Lesueur et nos voyageurs.

Hétéromère. — Vésicant.

4. CANTHARIS, *Lat. Brullé. Exp. de Morée. Ent.* p. 231. — *(Lytta, Fab., Dej. Cat.* p. 224.*)*

QUADRIMACULATA, *Chevrolat. Cat. Dej.* — *DISPARICORNIS, Chev.* ♀ *olim.*

Flavida. Capite corporeque nigris. In thorace punctis quatuor, et quatuor in elytris nigris. Puncto frontali rubro.

Mas. Cum quinque articulis antennarum flavis et crassis, cæteris nigris. Pedibus flavescentibus, femoribus posticis basi nigricantibus.

Femina. Antennis moniliformibus nigris. Pedibus nigricantibus. Quatuor femoribus tibiisque posticis fuscis.

Var. β. ♂ *Duobus punctis inferioribus elytrorum in maculam apice extensis.*

Var. γ. ♂ *Elytris pedibusque omnino flavidis.*

Var. δ. Nigro brunnea, subtus pubescens, sed thorace flavo, cùm punctis mediis in vittas desinentibus obliquas et marginalibus usitatis, sulcoque longitudinali, ex basi ad medium nigro.

Long. 13—19 mil. Lat. 4—6 mil.

Jaunâtre. *Tête* noire, inclinée, granuleusement ponctuée, couverte d'un duvet cendré; point rouge au milieu. Col atténué, noir : toutes les parties de la bouche de même couleur. *Antennes* insérées en avant des yeux, noires dans la femelle, articles 3 — 7 renflés, jaunes dans le mâle, dernier, ovalaire, acuminé. *Corselet* échancré et incliné sur le devant, en carré arrondi sur toutes ses faces, relevé à la base. Quatre points noirs, dont deux au centre assez gros et un petit de chaque côté sur le bord, avant le milieu; dans la femelle les deux points latéraux disparaissent quelquefois; sillon longitudinal profond, n'atteignant pas le sommet; il est ponctué d'une manière assez forte. *Ecusson* noir, en forme de cône, tronqué par le bas. *Elytres* jaunes, plus larges que le corselet, déprimées sur la base intérieure, longues, arrondies à l'extrémité de la marge, moins sur la suture. Quatre taches sur le milieu, l'une au tiers, l'autre au deux tiers de leur longueur, les inférieures plus grandes (celles-ci dans la var. β s'élargissent et s'étendent vers le sommet, dans la var. γ les élytres sont entièrement jaunes); ruguleuses, et ayant chacune trois nervures longitudinales peu marquées. Suture et marge un peu rebordées. *Pattes* fauves dans le mâle, à l'exception de la base supérieure des cuisses, qui a un peu de noir : obscures ou noirâtres dans la femelle, avec les quatre jambes et tarses postérieurs bruns. Dessous du corps noir, granuleux, hispide. Extrémité et partie des côtés au sommet et dessus de l'abdomen sous les ailes, rouges.

Prise en grande quantité à Orixaba, par nos voyageurs, sur une espèce de marguerite blanche, à haute tige, qui croît au milieu des champs de maïs.

(4e fascicule. Novembre 1834.)

Hétéromère. — Vésicant.

5. CANTHARIS, *Lat. Brullé. Exp. de Morée. Ent.* p. 231. — (*Lytta, F. Dej. Cat.* p. 224.)

RUFIPENNIS, *Chevrolat.*

Atra. Capite thoraceque punctatis et sulcatis. Elytris flavo-rufis, cum tuberculis parvis et sex costis longitudinalibus.

Long. 13 mil. Lat. 4 mil.

Assez petite, noire. *Tête* tronquée et arrondie au sommet, creusée en arrière, d'un noir terne : points assez grands, profonds : sillon longitudinal et un transversal entre les antennes, col très-mince. *Palpes* et *antennes* noirs. Celles-ci atteignant la base des cuisses postérieures. *Corselet* un peu plus long que large, arrondi latéralement, rétréci sur le col, droit à la base et en avant, ligne enfoncée sur la base et un rebord à l'autre extrémité, sillon longitudinal large ayant de plus une ligne au centre, lisse par places, avec des points plus ou moins espacés, petits et multipliés à la partie antérieure. *Ecusson* petit, noir, arrondi en arrière. *Elytres* du double plus larges que le corselet, droites sur la base, longues, parallèles, planes, arrondies des deux côtés du sommet, d'un jaune roux, chacune ayant trois côtes longitudinales. Elles portent de petits tubercules assez distans entre eux. Dessous du *corps* et *pattes* noirs, couverts de poils. Quatre crochets jaunâtres, par deux, aux tarses.

Elle m'a été donnée par mon ami M. Silbermann, qui a bien voulu s'en dessaisir, quoiqu'il l'eût unique; des environs de Mexico.

Hétéromére. — Vésicant.

3. LYTTA, *Fab. Brullé, Exp. de Morée, Ent.*, p. 233. — (*EPICAUTA*, *Dej. Cat.*, p. 224.)

OBESA, *Chevrolat.*

Brevis, valida, pube cinerea induta. Antennis oculis, geniculis tarsisque nigris. Capite et thorace longitudine sulcatis. Thorace sulcato in basi.

Long. 10—13 ¼ mil. Lat. 3 ½ — 5 mil. — Toulepeck.

Noire mais entièrement couverte d'une soie courte, épaisse, cendrée. *Tête* convexe, moins élevée et tronquée que dans les espèces précédentes, un tant soit peu aplatie vue de côté; ligne longitudinale étroite, profonde, suivie d'une transversale entre les antennes; col rétréci, noir. *Mandibules* et *Palpes* noirs. *Antennes* de même couleur, épaisses à leur milieu; le troisième article est le plus long sans être très-allongé, derniers amincis, se terminant en pointe; elles atteignent le milieu des pattes médianes. *Yeux* noirs, élargis près de la base de l'antenne. *Corselet* un peu plus long que large, carré, tronqué et sillonné à sa partie postérieure, rétréci obliquement aux côtés antérieurs, cerclé brièvement près du col, droit latéralement; ligne longitudinale enfoncée; il est moins large que la tête, et un peu abaissé sur elle. *Elytres* du double plus larges que le corselet, brèves, arrondies des deux côtés au sommet et inclinées sur le bord. *Pattes* cendrées, à l'exception des genoux, de l'extrémité des jambes, et des tarses qui sont noirs. *Tarses* antérieurs avec le premier article très-dilaté, long et arrondi en dedans; le premier des postérieurs ayant au moins deux fois la longueur du quatrième; quatre crochets par deux, opposés à leur naissance. Dessous du corps velu assez longuement, d'un cendré plus clair que le dessus. Le mâle est beaucoup plus petit et plus étroit que la femelle; il a été pris en petit nombre par nos voyageurs.

COLÉOPTÈRES DU MEXIQUE.

Hétéromère. — Vésicant.

1. NEMOGNATA, *Lat.* (*Zonitis, Fab.*)

VERSICOLOR, *Chevrolat.*

Nigricans subtus. Antennis, scutelloque nigris, capite, collo, thoraceque suprà et infrà rubris, punctatis. Elytris violaceis, ruguloso-punctatis. Filibus oris flavis.

Long. 11 mil. Lat. 4 ½ mil.

Plus raccourcie que la *Vittata* de Fab. *Tête* rouge, large, tronquée au sommet jusqu'en dessus des yeux, ponctuée; plusieurs excavations en avant, dont une plus profonde. *Mandibules* noires. *Palpes* longs, rougeâtre; filets jaunes, plus longs que le corps. *Antennes* noires, atteignant le milieu des élytres. *Yeux* noirâtres. *Col* étranglé, étroit, rouge. *Corselet* en carré, droit à la base, également sur le côté, plus élargi à sa partie antérieure, arrondi obliquement derrière le col, rouge, peu ponctué; sillon longitudinal assez enfoncé. *Ecusson* large à sa base, presque triangulaire, tronquée et élevé au sommet, ponctué en avant; côte longitudinale. *Elytres* deux fois aussi larges que le corselet, assez courtes, violettes, rugulcuses et ponctuées. Dessous du *corps* et *pattes* noirs; trocanters et dessous des genoux rougeâtres; crochets des tarses de quatre onglets par deux.

Elle m'a été envoyée, comme se trouvant aux environs de Mexico, par M. Höpfner de Darmstadt, sous le nom de *Bicolor*.

(4e fascicule. 1834.)

Pentamère. — Cérambycin.

1. PURPURICENUS? *Ziegler.* 1er *Cat. Dej.*, p. 105.
Servil., *Ann. Soc. Ent.* 1833, p. 568.

ANGULATUS, *Chevrolat.*

Staturâ Purp.-Kœhleri, *Fab. Niger, basi, margine et apice elytrorum, rubris. Thorace angulato lateribus, sub-complanato, piloso, cum capite punctatis. Corpore subtus pilis albicantibus tecto. Femoribus anticis inflexis, tibiis muticis, apice spinis duabus rectis. Elytris truncatis.*

Var. β *elytris sanguineis cum maculis duabus elongato-quadratis juxtà suturam.* Mus. Aubé.

Long. 16—17 mil. Lat. 5 ½ — 6 mil. — Bocadelmonte, Mus. de Romand.

Tête plus allongée que dans le *Kœhleri*. Noire, petite, tronquée obliquement sur le devant, ruguleusement ponctuée; sillon transversal à sa partie antérieure, côte vers le sommet. *Chaperon* transverse, déprimé, sillon arqué en dessus. *Lèvre* jaunâtre. *Mandibules* petites, noires. *Antennes* de la longueur du corps, insérées au-dessus des yeux, noires, premier article ponctué, aplati, troisième fort long, cinquième un peu plus court. *Yeux* échancrés, en lunule élargie sur le devant, garnis en dessous de poils blancs abaissés. *Corselet* transverse, droit à la base et au sommet en tournant sur la tête, très-anguleux au milieu sur le côté, aplati sur le dos, cependant élevé à sa partie postérieure; sa base est sillonnée et blanchâtre. *Ecusson* triangulaire. *Elytres* plus larges que le corselet, mais ayant sa largeur à l'avancement des angles, parallèles, arrondies obliquement au sommet de la marge, tronquées à l'extrémité; trois nervures longitudinales non entières, ponctuation multipliée, marge et épaule arrondies; base, bord latéral et extrémité rouges; dans la variété, les élytres sont rouges, avec une tache en carré long, sur chaque étui, avoisinant la suture. *Pattes* très-noires; cuisses ponctuées, à poils courts, blancs; jambes grêles, à poils noirs, deux épines au sommet; premier article des tarses postérieurs presque aussi long que tous les autres ensemble; deuxième du tiers du premier; troisième, fourchu et étroit; quatrième, presque nul; cinquième allongé. Crochets courbés, aigus. Dessous du corps couvert d'un duvet court, argenté. *Abdomen* tronqué, terminé par une frange de poils dorés.

Cet insecte, pris par M. Al. Lesueur, ne me paraît pas avoir tous les caractères des *Purpuricenus*. Au moins devra-t-il former une division à part.

Pentamère? — Tétramère, Eupode, Lat.

2. MEGALOPUS, *Fab.*

RUBRICOLLIS, *Chevrolat.*

Sub-elongatus. Capite de antennis ad verticem, limbo exteriore antennarum basi, in elytris fasciis tribus (fascia 1 triangulata in humero) pectore et margine tibiarum nigris. Thorace rubricante, punctulato. Elytris rufis, valdè punctatis; cœteris partibus corporis flavicantibus.

Long. 8 ½ — 9 mil. Lat. 4 mil. — Orizaba.

Tête noire à partir de la base des antennes, ponctuée assez fortement le long des yeux, d'un blanc jaunâtre sale en avant; sillon et enfoncement profond et transverse. *Mandibules* aiguës, croisées, noires à l'extrémité. *Lèvre* de même couleur, transverse, étroite, poilue. *Chaperon* droit. *Antennes* d'un gris ferrugineux; les cinq premiers articles marginés de noir en devant. *Yeux* plombés ou pâles, pointe noire avancée en dessus. *Corselet* en carré un peu transverse, plus large en arrière, droit aux extrémités; ligne enfoncée sur la base; angles postérieurs aigus, un peu tronqué sur l'extrémité de la base; il est faiblement pointillé, d'un rouge un peu jaunâtre près des bords. *Ecusson* moyen, roussâtre. *Elytres* parallèles, arrondies sur l'extrémité de la marge et de la suture, d'un jaune roux; trois bandes noires; première, couvrant la base, biaisant à partir de l'écusson à la 2e bande; celle-ci droite, placée au-delà du milieu, se réunissant par la marge et la suture à la troisième terminale; épaule élevée, tronquée obliquement; la marge, qui se continue sur l'extrémité des épipleures, est de couleur rousse, comme aux élytres, élargie sous l'épaule, mais elle est quelquefois d'un jaune assez vif. *Poitrine* noire. *Sternum*, *abdomen* et *pattes* d'un jaune fauve clair. *Cuisses* postérieures uni-dentées. *Jambes* marginées de noir extérieurement. *Tarses* noirâtres sur les côtés; postérieurs obscurs; crochets rapprochés.

Envois de M. Lesueur et de nos voyageurs.

Pentamère. (Tétramère, Cyclide, Lat.)

1. CRYPTOCEPHALUS, *Fab.*

TESERRATUS, *Chevrolat.*

Flavidus. Capite albo, oculis et antennis apice nigris. Elytris fuscis punctato-striatis, cum sedecim maculis sub-contiguis flavo-albis : 3, 2, 2, 1 *in singulo coleoptero.*

Long. 5 mil. Lat. 2 ¾ mil. — Toulepeck.

Tête blanche. *Mandibules* noires. Yeux de même couleur, étroits, latéraux. *Antennes* noires, les cinq premiers articles jaunâtres. *Corselet* d'un jaune roux, très-arrondi en dessus, cylindrique en devant et anguleux sous la tête, côtés arrondis sur le milieu, un peu rétréci antérieurement, très-impressionné sur ses bords, excepté en arrière; base sinueuse, tronquée sur l'écusson et étroitement, noirâtre. *Ecusson* petit, jaunâtre. *Elytres* de la largeur du corselet, deux fois aussi longues, fauves, marquées de seize taches contiguës, carrées ou oblongues, disposées ainsi sur chaque étui : trois à la base, deux au milieu, deux au-dessous et une terminale, avec sept ou huit stries sinueuses, formées de points peu enfoncés, dont deux se rendent sur la suture avant le milieu. *Pygidium* d'un jaune blanc, arrondi par le bas, ponctué, carêne longitudinale. *Epipleures* sinueux vers le milieu, étroits ensuite. Dessous du *corps* et *pattes* jaunâtres; crochets des tarses cintrés et opposés.

Du premier envoi de nos voyageurs.

Pentamère. (Tétramère, Clavipalpe, Lat.)

1. ÆGITHUS, *Fab.* — (*Erotylus, Duponchel, Monog*, p. 32. *Dej., Cat.* p. 128. — *Surinamensis, Fab. Herbst. Ol., Ent. Ill. Lin. Schœnh. Dup*[el]. *Dej., Cat.*)

Clavicornis, *Linné, Degéer, Oliv., Encycl.*

Lævis. Niger, elytris, epipleuris abdomineque rubro-flavis.

Long. 10 ¼ mil. Lat. 8 mil.

Cet insecte si abondant à la Guyane-Française n'a pour toutes différences, avec celui du Mexique, que ses trois premiers articles des antennes et les genoux un peu plus rougeâtres. Il est d'un noir lisse, avec les élytres, les épipleures et l'abdomen d'un rouge assez vif de son vivant et qui devient jaunâtre après la mort.

Trouvé à Tuspan par nos voyageurs, sur du bois sec, sur lequel il existait sans doute des espèces de bolets ou de champignons.

Pentamère. (Tétramère, Clavipalpe, Lat.)

2. ÆGITHUS, *Fab.* — (EROTYLUS, *Duponchel, Monog. Dej., Cat.*)

RUFIPENNIS, *Chevrolat.*

Simillimus Ægitho Surinamensi, *Fab., sed corpore subtus nigro, sub-hemisphœricus, impunctatus, niger. Elytris epipleurisque rubro-flavidis.*

Long. 11 mil. Lat. 8 ¼ mil. — Orixaba.

Noir. Voisin du *Surinamensis, Fab.*, mais moins arrondi sur le dos et allongé comme dans notre *Cardinalis. Tête* avec une ligne transverse entre les antennes et une autre le long des yeux. *Chaperon* rétréci sur les côtés antérieurs, tronqué, cependant un peu arrondi, légèrement ponctué. *Antennes* noires, de la longueur du corselet, massue d'un noir mat, de trois articles. *Corselet* incliné sur le devant, transverse, plus étroit près de la tête, échancré en cintre en avant, biaisant sur les élytres en s'arrondissant sur l'écusson, côtés obliques, bords impressionnés d'une ligne, excepté en arrière. *Ecusson* noir, arrondi par le bas. *Elytres* élargies au-delà du milieu, avancées au sommet de la suture et anguleuses sur le dedans; marge petite, ligne placée dessus. *Epipleures* larges, creux, carénés des deux côtés, d'un rouge très-pâle ainsi que les élytres. *Pattes* courtes, cuisses aplaties, jambes arquées, à lignes longitudinales peu profondes. Tarses à pelottes, couleur de boue en dessous. Crochets étroits, rougeâtres.

Elle provient de la collection de M. Lesueur, et m'a été donnée par M. Reiche; se placera près du *Surinamensis*.

Pentamére. (Tétramère, Clavipalpe, Lat.)

3. ÆGITHUS, *Fab.* — (*Erotylus, Dup., Monog. Dej., Cat.*)

CARDINALIS, *Chevrolat.*

Politus, niger, sub-hemisphhæricus. Capite suprà et infrà, thorace (medio excepto), elytris epipleurisque rubris.

Long. 12 mil. Lat. 8 ¼ mil.

Voisin de notre *Rufipennis*, mais d'un rouge vif. *Tête* lisse, rétrécie en avant, deux points impressionnés au milieu, traversée entre les antennes par une ligne remontant le long des yeux. Ponctuation à peine perceptible. *Chaperon* coupé droit, très-ponctué jusqu'à la ligne. *Antennes* un peu plus longues que le corselet, d'un noir brillant, massue terne, de trois articles larges, aplatis. *Corselet* transverse, étroit, très-échancré en cintre derrière la tête; ligne enfoncée sur ses bords, excepté en arrière, angles avancés, côtés obliques, plus étroit en avant, biaisant sur les élytres et arrondi sur l'écusson, ligne noire longitudinale ayant le tiers de sa largeur. *Ecusson* noir, arrondi et un peu rétréci à son sommet. *Elytres* convexes en dessus, élargies sur le milieu, légèrement rebordées. *Epipleures* larges, bord saillant de chaque côté. *Pattes* courtes; cuisses larges, aplaties, creusées en dessous, lisses ; jambes arquées, à points longs et guillochés, élargies et d'un jaune tomenteux à l'extrémité. Tarses à pelottes blanchâtres en dessous, troisième article arrondi, large, quatrième petit, cinquième rougeâtre ainsi que les crochets, ceux-ci opposés et cambrés.

Trouvée par M. Lesueur et nos voyageurs, en terre froide, près du volcan d'Orixaba, dans les cavités des vieilles souches humides. Elle doit venir après le *Rufipennis*.

Pentamère. (Tétramère, Clavipalpe, Lat.)

4. ÆGITHUS, *Fab.* — (*Erotylus, Dup., Mon.*)

QUADRINOTATUS[1], *Chevrolat.*

Lævigatus, sub-hemisphæricus, niger. Elytris flavis cum quatuor maculis suturaque nigris. Epipleuris flavis.

Long. 9 mil. Lat. 6 ¼ mil. — Toulepeck.

Lisse, d'un noir brillant. Elytres et épipleures d'un jaune pâle. *Tête* rétrécie en avant, relevée sur ses bords; ligne transversale entre les antennes. *Chaperon* tronqué, ponctué jusqu'à la ligne. *Palpes* noirs, le dedans de la troncature couleur de boue. *Antennes* dépassant à peine le corselet. *Corselet* incliné en avant, transverse, cintré derrière la tête, oblique sur le côté, plus étroit près des yeux, biaisant sur les élytres et avancé en s'arrondissant sur l'écusson; ligne enfoncée sur la marge, excepté en arrière. *Ecusson* triangulaire, quoique arrondi au sommet. *Elytres* courtes, larges après l'épaule, modérément prolongées sur la suture, celle-ci anguleuse et noire dans toute la longueur; elles ont chacune deux grosses taches noires,

---

[1] Voy. pl. 50, fig. 2 de l'*Icon. du Règne animal* de Cuvier, où il se trouve représenté, mais on a omis d'inscrire son nom au bas de la planche.

celle au-dessous de la base, plus grande, un peu oblique et transverse; quatre faibles stries de points, réunis par deux, près de la suture, marge petite avec une ligne enfoncée. *Epipleures* larges jusqu'aux deux tiers, creusés, saillans sur chaque bord. Dessous du *corps* et *pattes* noirs; celles-ci courtes; cuisses aplaties, lisses; jambes finement granuleuses et à lignes enfoncées.

(4e fascicule. 1834.)

COLÉOPTÈRES DU MEXIQUE.

Pentamère. (Tétramère, Clavipalpe, Lat.)

Divisio prima.

Elytræ seu elongatæ, vel gibbæ. Pedes longi.

1. EROTYLUS, *Fab. Dup*[cl]., *Monog.*

BOISDUVALII, *Chevrolat.*

Oblongo-elongatus, suprà convexus. Statura Erot. helopioidis, *Dup*[lii]. *Niger. Elytris flavis, cum macula laterali multisque notis nigris rotundatis, impressis.*

Long. 16 mil. Lat. 8 $^1/_2$ mil.

D'un noir mat, sans points, allongé. *Tête* inégale, ligne transverse peu enfoncée entre les antennes, et une située le long des yeux. *Chaperon* carré, droit, abaissé sur le devant. *Antennes* dépassant la base du corselet, noires, massue de trois articles. *Corselet* aussi haut que large, un peu plus étroit près de la tête, cintré en avant, presque droit en arrière; côtés obliques, relevés; ligne enfoncée sur la base et le sommet; enfoncement latéral, transverse et profond vers le milieu, incliné vers le bas. *Ecusson* noir, arrondi en arrière. *Elytres* plus larges que le corselet, longues, élargies un tant soit peu au milieu, convexes dans leur longueur, arrondies jusque sur la suture; dent aiguë sur cette dernière; tache latérale, transverse, noire, placée au-delà du milieu; grand nombre de macules noires, arrondies, ayant un point enfoncé au centre; un peu de la marge, *épipleures* et dessous du corps, noirs. *Pattes* longues; jambes égales aux cuisses, droites, bi-sillonnées au dos, munies à l'extrémité de deux épines brèves, celle extérieure plus forte; l'ensemble des tarses est allongé; troisième article bilobé, le dernier est le plus grand.

Trouvée sur des arbres par M. Alex. Lesueur, près du pic d'Orixaba. Dédiée à notre ami M. Boisduval, comme un hommage rendu à ses intéressans travaux entomologiques.

Pentamère. (Tétramère, Clavipalpe, Lat.)

Divisio secunda.

Elytræ ob-ovales, convexiusculæ, pedes modici.

2. EROTYLUS, *Fab. Dup., Monog.*

DUPONCHELII, *Chevrolat.*

Ovalis, flavo-rubidus, convexiusculus. Occipite, antennis basi excepta, oculis, notis quatuor in thorace (tribus basi) scutello, in elytris macula transversa infrà basin, fascia irregulari subtus, a margine remota, tertiâque parte verticis nigris; puncto sub-apicali flavido. Thorace infrà, tantummodo basi, pectore pedibusque nigris. Elytris sub-punctato-striatis.

Long. 9 mil. Lat. 6 mil. — Alvarado. Orizaba.

D'un jaune rougeâtre. Assez voisin du *Præustus* de Duponchel, mais plus large et plus grand. *Tête* étroite en avant, lisse. *Occiput* et *yeux* noirs. *Palpes* jaunes; les deux premiers articles des *antennes* de cette couleur, suivans noirs, massue de trois articles peu élargis; elles sont grêles et dépassent la base du corselet. *Corselet* semi-circulaire, évasé en cintre sur la tête, oblique et avancé sur les élytres et coupé droit sur l'écusson; tache arrondie, placée au bord antérieur, réunie à celle du front; trois sur la base, deux debout;

celle au centre carrée, liée à l'écusson. *Elytres* de la largeur du corselet, subitement élargies, ovalaires; sommet de la suture allongé et angulaire en dedans; tache transverse, noire au-dessous de la base, éloignée de la marge et de la suture; bande de même couleur avant le milieu, n'atteignant pas la marge, élargie sur le dos; tiers de l'extrémité noir; le jaune s'avance en angle à côté de la suture; tache ronde ou allongée, d'un jaune roux comme aux élytres, vers l'extrémité; elles ont chacune sept stries éloignées, formées de points peu marqués. *Epipleures* larges, jaunes, noirs aux deux tiers de leur longueur. *Pattes* courtes; cuisses aplaties, lisses; jambes pointillées et à lignes; le premier article des tarses est le plus long; deuxième, moitié plus court; troisième, non bilobé; quatrième, distinct; la terminaison du cinquième et les crochets rougeâtres.

Base du thorax en dessous, poitrine et pattes noires. Quelquefois une tache transverse sur la poitrine.

Unique dans le premier envoi fait par nos voyageurs. Viendra avant la *Prœusta*. Dédié à l'auteur de la monographie de ce genre; continuateur de l'ouvrage de Godart sur les Papillons de France.

Pentamère? (Tétramère, Clavipalpe, Lat.)

2. LANGURIA, *Lat.*, *Genera*, t. III, p. 65. — Ol., *Ent.*, n° 88.

VENTRALIS, *Chevrolat.*

Linearis, sub-viridis, nitida. Thorace elongato, suprà convexo. Elytris sub-striatis, interstitiis confertim punctatis. Femoribus basi et corpore rufescentibus. Antennis nigris, clava quinque articulata.

Long. 8 ½ mil. Lat. 1 ¾ mil. — Orixaba.

Tête finement ponctuée. *Mandibules* rougeâtres, bi-dentées au sommet. *Chaperon* arrondi en avant, ayant en dessus une ligne enfoncée, remontante et faible le long des yeux. *Antennes* et *yeux* noirs. *Corselet* une fois et demie aussi long que large, de la largeur de la tête et des élytres y compris les yeux, marginé en arrière et sur les côtés, droit en avant, sinueux à la base; dépression assez forte au milieu de cette dernière, convexe en dessus, couleur et ponctuation comme sur la tête. *Ecusson* arrondi et un peu cordiforme, creusé à l'entour. *Elytres* longues, étroites, diminuant vers l'extrémité; stries ponctuées, très-rapprochées; interstices pointillés; marge et suture enfoncées, d'un vert obscur. Dessous du corps ainsi que la base des cuisses rougeâtres. *Pattes* d'un vert métallique assez brillant. *Tarses* avec les trois premiers articles dilatés, dont deux triangulaires ; tous garnis de longs poils noirs de chaque côté.

Envoi de M. Alex. Lesueur.

Pentamère? (Tétramère, Clavipalpe, Lat.)

3. LANGURIA, *Lat.*, *Genera*, t. III, p. 65. — *Ol.*, *Ent.*, n° 88.

SANGUINICOLLIS, *Chevrolat.*

Nigro-cœrulea. Capite thoraceque suprà et infrà rubris, punctatis. Antennis, oculis, corpore subtus, tibiis, tarsisque, nigris. Elytris punctato-striatis. Clava antennarum 5-articulata.

Long. 9 mil. Lat. 2 ³/₄ mil. — Tuspan. Orizaba. Véra-Cruz.

Grandeur de l'*Elater thoracicus*, avec lequel elle a beaucoup de ressemblance. *Tête* arrondie, ponctuée, rouge; ligne enfoncée entre le antennes; petite côte le long des yeux. *Chaperon* noir, étroit. *Antennes*, atteignant la base du corselet, d'un noir brillant; massue terne; de cinq articles tronqués en avant, semi-ronds, dernier lenticulaire. *Corselet* une fois et demie aussi long que large, droit à la base, également droit au sommet en entourant la tête; côtés carénés, faiblement arrondis, rétréci antérieurement et guère plus large à cet endroit que la tête en y comprenant les yeux; ligne enfoncée sur la marge, excepté au sommet; il est d'un rouge assez vif, très-convexe sur le dos, ponctué. *Ecusson* lisse, rond et pointu par le bas. *Elytres* un peu plus larges que le corselet, arrondies en dehors de l'épaule, faiblement à l'extrémité de la marge ; parallèles, angulaires sur le dedans de la suture ; celle-ci avec rebord arrondi, creusée ensuite ainsi que la marge ; huit stries formées de petits points rapprochés, le plus souvent de forme carrée ; interstices quelquefois pointillés. *Epipleures* inclinés sur la poitrine ; ligne enfoncée sur chaque bord ; d'un noir brillant de même que les cuisses, la poitrine et l'abdomen ; ce dernier, marqué de points éloignés. Jambes d'un noir terne, subitement cambrées à leur naissance, droites ; tarses noirâtres.

Envoi de M. Lesueur et de nos voyageurs.

Trimère. — Chrysoméline.

1. ENDOMICHUS, *Fab.*

TIBIALIS, *Chevrolat*, *Icon. Règ. anim.* pl. 50. f. 9.

Punctata, pubescens, rufo-fulva. Antennis (duobus primis articulis exceptis), in thorace macula quadrata basi limitata lateribus duobus sulcis, singulo coleoptero, marginibus exceptis, annulo in ortu tibiarum nigris. Thorace subquadrato, reflexo margine. Elytris elongatis, obliquè truncatis in apice.

Long. 7 - 10 mil. Lat. 5 mil.

Cette espèce varie beaucoup pour la taille. *Palpes, tête,* ainsi que les deux premiers articles des antennes, fauves. *Chaperon* droit. *Antennes* atteignant le milieu des cuisses médianes, noires, les trois derniers articles épaissis, celui du sommet arrondi, gris à son extrémité. *Yeux* obscurs. *Corselet* de forme un peu carrée, presque droit à la base, avec les angles recourbés un tant soit peu sur l'épaule, droit et élevé sur le côté, angles antérieurs très-avancés sur la tête, arrondis, rentrant avec troncature droite à partir des yeux; tache carrée, noire, appuyée à la base, terminée sur deux sillons obliques prolongés jusque vers le milieu. *Ecusson* plus que moyen, arrondi en arrière. *Elytres* longues, élargies vers le milieu, avancées et tronquées obliquement sur la suture. Le centre de chaque étui est noir entouré d'un fauve roux. *Epipleures* fauves, sans carènes sur ses bords. *Pattes*, milieu de la poitrine et abdomen d'un jaunâtre fauve, base des jambes, côtés de la poitrine et milieu de l'abdomen noirâtres.

Je possède un exemplaire chez lequel les élytres sont bien moins alongées, plus arrondies, sans troncature à l'extrémité, avec seulement une petite épine à la suture. Le corselet est peu élevé sur le côté. Peut-être est-ce la femelle?

Trouvé par M. Lesueur et nos voyageurs aux environs d'Orixaba.

Pentamère. — Carabique.

1. CICINDELA, *Fab.*

RUBRIVENTRIS, *Chevrolat.*

16-*PUNCTATA*, Kl. var.? *Jahrbücher der Insektenkunde*, p. 32. 1834.

Cyaneo-nigra. Labio, mandibulis basi extrà, et in elytris 16 *notatis flavis. Thorace longiore latitudine, parallelo medio lateribus, tribus sulcis cyaneo-lætis impresso. Elytris sub-porosis, obliquè rotundatis serratulisque apice.*

Long. 11 mil. Lat. 4 mil.

D'un bleu foncé noirâtre, plus clair sur les côtés. *Tête* d'un bleu très-brillant en avant, ridée fortement en dessus des yeux, convexe à son sommet. *Lèvre* d'un jaune d'ivoire, inégale et arrondie obliquement sur le côté, échancrée à sa partie antérieure : six petits points, près du bord, munis chacun d'un poil. *Mandibules* d'un noir brillant depuis l'extrémité jusqu'au-delà de la dernière dent, larges, jaunes sur le côté. *Palpes* roussâtres, labiaux fauves, le dernier article des quatre, vert. *Chaperon* cintré sur la tête, gibbeux, surmonté peu après d'une ligne enfoncée latéralement, partant d'une antenne à l'autre. *Antennes* d'un brun cendré, les quatre premiers articles d'un bleu foncé. *Yeux* obscurs, offrant en dessous un renflement très-prononcé, ridé, d'un vert clair. *Corselet* d'un bleu noirâtre, cylindrique, plus long que large, un peu plus élargi sur les côtés, en dedans des deux sillons transversaux; premier très profond, sa partie extérieure, vue de côté, est très-inclinée;

il part de l'angle antérieur et s'avance angulairement vers le milieu; celui de la base est aussi égalcment distant de la marge, flexueux, rentrant angulairement sur le centre, profond sur les côtés, ligne longitudinale peu enfoncée, tous trois d'un beau bleu foncé; quelques poils blancs près des bords; carène latérale en-dessous, verte, ayant en marge une ligne légèrement impressionnée. *Ecusson* large, aigu par le bas. *Elytres* de la largeur de la tête y compris les yeux, presque droites sur le côté, arrondies un peu obliquement à l'extrémité de la marge, dentées d'une manière extrêmement fine; sommet de la suture muni d'une épine longue; ponctuation porreuse, bords d'un bleu vif; huit petites taches jaunes, irrégulières, disposées de la sorte: première sur le haut de l'épaule; deuxième au-dessous et en dedans, au cinquième de leur longueur; troisième peu après au-dessous de celle humérale; quatrième rapprochée de la suture; cinquième infiniment petite, près de la marge et aux deux tiers; sixième proche de la suture; septième à l'angle de la marge et huitième sur l'angle de la suture; ces deux dernières doivent se réunir quelquefois en une lunule. *Pattes* et poitrine à poils blancs, d'un rouge cuivreux plus foncé sur les premières. Dessous de la tête et du corselet d'un vert changeant en bleu. *Abdomen* entièrement rouge. Femelle.

M. Gory me l'a cédée. Du même envoi que la *decostigma*, mais beaucoup plus rare. Doit venir à côté de la *punctulata* de Fab.

(5e fascicule. Janvier 1835.)

Pentamère. — Carabique.

2. OODES, *Bonelli*[1].

MEXICANUS, *Chevrolat.*

Niger, politus. Pœcilo cupreo *paulo major. Palpis tarsisque piceis. Antennis extremitate fuscis. Labio sub-quadrato, lineato basi. Clypeo angusto, truncato. Capite utrinque supra oculos sulcato, punctis duobus parvis inter antennas impresso. Thorace semi-circulari, recto basi, foveolis duabus notato, emarginato apice, linea tenui, in margine posita, lateribus protensa; linea longitudinali vix perspicua. Scutello triangulari. Elytris ob-ovalibus, singulis cum septem striis haud punctatis.*

Long. 13 mil. Lat. 6 mil.

Mandibules courtes, croisées angulairement, creusées sur le côté d'une manière conique. *Palpes* jaunâtres. *Lèvre* en carré transverse, ayant en avant trois points, un sur chaque angle : une ligne sur la base. *Chaperon* coupé presque droit. *Tête* allongée et inclinée, un peu convexe, lisse, étroite, sillonnée le long des yeux; deux petits enfoncemens entre la base des antennes, réunis par le bas à une très-faible ligne transverse. *Antennes* placées en avant des yeux, un peu plus longues que le corselet,

[1] L'*Amara tibialis*, 2e fasc., no 1, n'est autre qu'un *Oodes*.

brunâtres, les quatre premiers articles d'un brun un peu foncé. *Yeux* pâles. *Corselet* d'un noir luisant, plus étroit près des angles antérieurs; aussi haut que large, de forme cintrée, abaissé en avant et sur les côtés, échancré sur la tête et ayant une ligne étroite sur la marge, prolongée sur les côtés; base droite; deux légers enfoncemens courts, un peu en dessus, vis-à-vis de la deuxième strie suturale des élytres; ligne longitudinale légère n'atteignant pas la base. *Ecusson* triangulaire. *Elytres* d'un noir un peu vert, ovalaires, tronquées rebordées et sillonnées à la base, sinueuses avant la suture; elles ont chacune sept stries droites, enfoncées, sans aucune ponctuation. Six atteignent le sommet sans toucher à la marge, septième latérale indiquée seulement vers le milieu. On voit entre les première et deuxième stries et le long de la suture quelques points enfoncés assez larges, peu profonds; le dessous de l'écusson offre un commencement de strie. Marge profonde, ayant des saillies interrompues vers son extrémité. *Cuisses* et jambes noires, antérieures uni-épineuses sur l'échancrure, de couleur de poix; les tarses de même couleur mais plus clairs. Dessous du *corps* noir, lisse. Côtés de la poitrine avec un cercle granuleusement ponctué vers le haut. Femelle.

(2e fascicule. Mars 1834.)

Pentamère. — *Sternoxe, Lat.*

2. BELIONOTA, *Eschs. Solier, Ann. Soc. Ent. de Fr.* p. 306, 1833.
Id. Dej. Cat. 2e p. 79.
BUPRESTIS, Fab.

CALCARATA. *Chevrolat.*

Ænea, punctatissima, infrà nitidior, reticulato-punctata. Capite inæqualiter et valdè punctato. Thorace transverso, obliquè truncato lateribus, bisinuato basi, protenso rotundè in medio, angulis posticis acutis, supra carinatis. Scutello longo, conico. Elytris octo-costatis, margine serratis, sub-fasciatis. Femoribus latè calcaratis, Tarsis cyaneis, 3° articulo lanceato. Ultimo segmento abdominis bispinoso.

Long. 19 mil. Lat. 7 ½ mil.

D'un bronzé assez obscur en dessus, plus cuivreux et brillant en dessous. *Tête* très-fortement ponctuée en travers; sillon étroit sur son sommet, deux taches polies au front. *Chaperon* droit, large en avant. *Mandibules* noires. *Palpes* verts, deuxième article fort long, troisième un peu plus court, dernier moitié du précédent, moins gros. *Antennes* bleuâtres, les deux premiers articles d'un cuivreux obscur; le troisième est le plus long, sans être très-allongé; elles sont situées dans une cavité. *Yeux* étroits, jaunâtres, cerclés de noir, placés obliquement, très-rapprochés à leur partie supérieure, appuyés sur le bord du corselet; ils en sont éloignés à leur partie inférieure. *Corselet* transverse, régulièrement ponctué, moins fortement que sur la tête, droit en avant : faible ligne sur le bord; angles antérieurs émoussés, abaissés, avancés sur les yeux; base bisinueuse, prolongée, arrondie sur l'écusson; angles postérieurs arqués et aigus; côte oblique en dessus tournant avec la base; il est déprimé au milieu; côtés plus étroits près de la tête, carénés en dessous. *Ecusson* étroit et aigu. *Elytres* digones sur la base, trois fois et demie aussi longues que le corselet, plus larges que ce dernier et que la tête, couvertes de gros points à nervures : sur chaque étui quatre côtes longitudinales et une cinquième courte le long de l'écusson. Elles sont dentées extérieurement, vont en diminuant et se terminent en pointe à la suture; bande obscure vers le milieu. *Cuisses* ponctuées, courtes, robustes, antérieures scabreuses, armées intérieurement d'un large éperon, genoux échancrés, jambes longues, postérieures courbées, ayant une fois et demie la longueur des cuisses, terminées par deux petites épines; tarses bleus, troisième article fendu et effilé d'une manière extraordinaire, limbe antérieur des 2—5es segmens de l'abdomen uni; chacun d'eux est latéralement aigu par en bas, dernier terminé à chaque angle par une pointe; stigmates très-profonds.

Trouvé très-abondamment près des mines de Zimapan.

(5e fascicule. Janvier 1835.)

Pentamère. — Sternoxe, Lat.

2. CHRYSOBOTHRIS, *Solier, Ann. de la Soc. Ent. de Fr.* p. 310, 1833.

Id. Eschs. Cat. Dej. 2e p. 79.

BUPRESTIS, Fab.

MELAZONA, *Chevrolat.*

Viridi-aurata, punctulata. Capite valdè punctato. Thorace transversè quadrato, bisinuato basi, latiore in lateribus anticis. Elytris serratis, tribus fasciis violaçeo-nigris, singulo coleoptero cum tribus stigmatibus (duobus basi, tertio antè medium). Femoribus latis, anticis calcaratis.

Long. 8 ½—9 ¼ mil. Lat. 4—4 ½ mil. — Orixaba.

Taille du *Bup. hibernata* de Fab. Moins large, d'un vert doré brillant. *Tête* tronquée sur le devant, fortement ponctuée et d'une manière inégale, déprimée : ponctuation régulière à son sommet, avec faible sillon; dans l'autre sexe elle est moins déprimée et sa ponctuation est plus régulière; front poli, avec petit enfoncement au milieu. *Chaperon* fendu, recourbé en pointe sur chaque côté. *Antennes* d'un vert doré très-brillant, premier article fort long; elles sont plus obscures à partir du quatrième jusqu'à l'extrémité. *Yeux* étroits, placés sur le bord antérieur du corselet, assez rapprochés vers le haut. *Corselet* transverse, bisinué à la base, arrondi sur le milieu de l'écusson, échancré en cintre sur le devant, plus large sur le côté antérieur, épais, avec avancement au milieu latéral; il est lisse, finement pointillé et abaissé sur les bords. *Ecusson* très-petit, triangulaire. *Elytres* de la largeur du corselet près de la tête, trois fois et demie aussi longues, arrondies un peu obtusément sur l'épaule, dentées en marge, finement pointillées; trois bandes d'un noir violacé bleuâtre, terminées avant la suture; deux stigmates profonds sur la base, troisième au-dessous de la première bande; la suture est faiblement creusée dans sa longueur. *Pattes* trapues; cuisses enflées, couvertes de plis scabreux, antérieures munies intérieurement d'une large épine; jambes médianes cambrées; tarses obscurs ou bleuâtres. L'un des sexes, le mâle, je crois, est fortement ponctué en dessous, moins sur l'abdomen, sa couleur est d'un cuivreux doré; dans l'autre, il est d'un vert bleuâtre, à peine ponctué. L'extrémité de l'*abdomen* est tronquée avec une pointe de chaque côté.

Je n'ai reçu que deux exemplaires de cet insecte: l'un m'a été envoyé par M. Lesueur, l'autre par nos voyageurs.

(5e fascicule. Janvier 1835.)

Pentamère. — Malacoderme, Lat.

I. LYCUS, *Fab. Ol.*

SEMIUSTUS, *Chevrolat.*

Proboscideus, niger, elongatus. Thorace longiore latitudine, flavo suprà et infrà, cum linea longitudinali cariniformi nigra, palliolato apice. Elytris rugulosis, octo-costatis, flavis usque ultra medium. Femina.

Long. 9 ½ mil. Lat. basi 3, apice 4.

Noirâtre, allongé. *Tête* très-enfoncée dans le corselet, recouverte par lui en dessus. *Rostre* presque aussi long que les cuisses antérieures. *Antennes* aplaties, noires, à articles en carré long; le troisième presque aussi long que les quatrième et cinquième réunis, dernier un peu cylindrique, pointu. *Corselet* jaune, plus long que large, étroit, élevé, sinueux sur le côté, creusé en dessous; base droite, avancée et tronquée carrément sur l'écusson; sommet élevé : vu de face, il est évasé en ogive; jaune, milieu longitudinalement noir et caréné. *Ecusson* noirâtre, droit au sommet. *Elytres* jaunes, guères plus larges que le corselet à la base, plus élargies près de l'extrémité, arrondies angulairement au-delà de la suture, plus du tiers terminal noir; cette couleur s'avance sur le jaune vers le milieu de chaque étui; l'on voit sur chacun d'eux quatre côtes ou nervures entières, les deux suturales plus fortes; celle humérale est aussi très-saillante; leurs interstices sont ponctués et faiblement réticulés; marge et suture rebordées. Dessous du *corps* et *pattes* noirâtres. Cuisses et jambes creusées en longueur. *Trocanters* d'un fauve obscur.

Etait unique dans le quatrième envoi fait par nos voyageurs.

Trouvé en terre chaude, pendant le mois de juin, sur la route de la Véra-Cruz à Orixaba.

(5e fascicule. Janvier 1835.)

Pentamère. — Serricorne, Lat.

1. TELEPHORUS, *Schæff. Ol. Brullé.*

CANTHARIS, Linné, Fab.

TRIPARTITUS, *Chevrolat.*

Villosulus, niger. Dimidio anteriore elytrorum abdomineque flavis. Thorace quadrato, sulcato et reflexo lateribus. Antennis longitudine corporis. Femina cum fascia punctisque quatuor abdominalibus.

Long. ♂ 12 1/2 ♀ 15 mil. Lat. ♂ 5 ♀ 6 mil.

Tête d'un noir vernissé, plane, ayant une élévation aplatie au front, dans le mâle, déprimée en arrière. *Palpes* noirs, deuxième article d'un conique long, troisième court, carré, légèrement élargi en avant, inséré sur le côté antérieur du dernier, celui terminal en ovale aplati, cambré, plus long que les autres. *Antennes* noires, implantées en avant des yeux, un peu en dessus; deuxième article ayant le cinquième de longueur du premier; quatrième jusqu'au dernier presque égaux; dans le mâle elles sont un peu renflées à l'extrémité. *Yeux* ronds, assez élevés, latéraux, noirs. *Corselet* en carré à peine transverse, relevé à la base, sans être précisément droit, droit au sommet et biaisant sur le milieu; bords relevés, creusés près de la marge; il est couvert de quelques poils gris. *Ecusson* court, triangulaire, noir. *Elytres* étant au milieu plus larges que le corselet, trois fois et demie au moins aussi longues, ruguleuses, à pubescence jaune et noire; base entièrement noire, étroite, le noir se prolonge sur le côté, sous l'épaule: elles sont jaunes jusqu'au-delà du milieu; la partie postérieure est noire, et cette couleur est nettement coupée; l'extrémité s'arrondit sur le dehors de la marge, et elle a une frange jaunâtre dans le mâle. Dessous du corps noir, à pubescence grise sur la poitrine. *Abdomen* jaune. Femelle ayant aux troisième et quatrième segmens un point noir, arrondi, sur chaque côté, base du suivant avec ligne transverse noire. *Pattes* d'un soyeux pubescent; naissances des jambes postérieures d'un fauve obscur; premier article des tarses postérieurs fort long, du double du suivant; troisième moitié moins long que le deuxième; quatrième bilobé, épais, crochu et en lamelle en dessous; cinquième assez allongé.

Pris en petit nombre par nos voyageurs, sur la route de Mexico à la Véra-Cruz.

Cet insecte offre à-peu-près les mêmes caractères que les *Ragonycha* d'Eschscholtz, genre qui, je le pense bien, n'a pas été publié.

Pentamère. — Lamellicorne, Lat.

2. CETONIA, *Fab.*

GEMINATA, *Chevrolat.*

Rufescente-flava. Clypeo fisso et reflexo. In thorace maculis duabus longitudinalibus ob-trigonis, lateribus scutelli, in elytris vittis duabus apicibus conjunctis, suturâ, margine, macula in pygidio, medioque abdominis rubiginosis. Corpore subtus, pygisque albo-argenteis ; femoribus lineis eodem colore signatis.

Long. 14 mil. Lat. 7 mil. — Tampico.

D'un jaune abricot. *Tête* ponctuée, jaunâtre, brune et velue sur le front. *Chaperon* bicornu, fendu angulairement, relevé sur ses bords. *Antennes* brunes, feuillets longs. *Corselet* plus long que large, droit en avant, évasé sur l'écusson (en dedans du corselet), oblique sur chaque côté de la base : deux larges taches longitudinales et deux petits points près du bord antérieur, d'un brun ferrugineux. *Ecusson* allongé, conique, ligne jaune sur le milieu. *Elytres* ayant presque le double de longueur du corselet, arrondies au sommet, terminées angulairement sur le dedans de la suture, très-avancées sur la hanche, audessous de l'épaule, évasées aussitôt après en s'arrondissant : sur chaque étui deux lignes longitudinales d'un brun ferrugineux, appuyées et liées ensemble à la base, réunies avant le sommet et finissant en pointe; suture et marge également ferrugineuses; elles offrent une réunion de points qui forment, près du bord, une espèce de strie. *Pygidium* blanc, large: tache longitudinale, rousse. *Pattes* ferrugineuses, couvertes de poils blancs en dessous; cuisses médianes avec le limbe inférieur, deux lignes sur les postérieures et dessous du corps d'un blanc argenté. Milieu de l'*abdomen* d'un ferrugineux lisse; deuxième, troisième et quatrième segmens marqués sur le côté d'un point de même couleur. *Sternum* excessivement petit, transverse. Le dessous du corps et les côtés sont couverts de poils blancs, très-longs sur la poitrine.

Quelquefois les parties rousses du dessus sont plus pâles. Je ne pense pas qu'elle appartienne réellement au genre propre des Cétoines.

(5e fascicule. Janvier 1835.)

Tétramère. — Curculionite, Orthocère.

1. RHYNCHITES, *Herbst.*

MEXICANUS, *Chevrolat. (Gyllenhal) Syn. Ins. Curc. Sch.* 1er vol. p. 229.

Affinis Rh. piloso, *Dahlii. Cœruleo-niger, seu viridis, hirtus. Rostro brevi, lato. Elytris sub-quadratis, 9-striatis, interstitiis crebrè punctatis.*

Long. 6 ¹/₂ mil. Lat. 2 ¹/₂ mil. — Orixaba.

Trompe plus courte que le corselet, assez large à son extrémité, ponctuée, recourbée à partir de la naissance des antennes, rugueuse jusqu'au-delà des yeux, poilue, noire, métallique. *Antennes* noires, articles 6—8 transverses des deux côtés; massue de trois articles rapprochés, les deux premiers placés en travers, en carré long, le dernier petit, presque triangulaire, arrondi par le haut. *Tête* ponctuée, noire. *Yeux* blancs. *Corselet* plus long que large, rétréci antérieurement, élargi peu après, arrondi sur les côtés, tronqué aux deux extrémités, à peine rebordé en arrière, à angles peu apparens, ponctué, d'un noir brillant. *Elytres* bleues, du double plus larges que le corselet, presqu'en carré, arrondies à l'extrémité; intervalle des stries couvert de points nombreux; ces stries se réunissent entre elles vers le sommet. *Pygidium* apparent, arrondi. *Pattes* noires; cuisses courtes, épaisses; jambes antérieures droites, les quatre suivantes un peu arquées. Il est entièrement couvert d'un duvet court et épais.

Il varie du bleu au noir et est quelquefois vert. De l'envoi de Mme Sallé et de M. Vasselet.

(5e fascicule. Janvier 1835.)

Tétramère, Eupode, Lat.

3. MEGALOPUS, *Fab. Ol. Klug.*

BRUCHUS, Ol. Ent.

NOVEM-MACULATUS, *Klug*, *Jahrbücher der Insectenkunde*. Berlin, 1834, p. 211.

Sub-rubidus, villosus, suprà valdè punctatus. Apice mandibularum, puncto frontali, in thorace maculis duabus longitudinalibus, in singulo elytro macula transversa infrà basin cum maculis duabus rotundatis, in pectore macula laterali speculifera, altera in femoribus posticis; nigris. Plus dimidio extremo antennarum rufo.

Long. 8 mil. Lat. 4 1/4 mil. — Toulepeck.

D'un rouge presque roux, couvert de poils courts cendrés et de points profonds en dessus. *Tête* ayant un large sillon transverse entre les antennes et un autre longitudinal s'arrêtant au point noir. *Antennes* dépassant à peine la base du corselet, rousses, les sept derniers articles brunâtres. *Yeux* pâles. *Corselet* presque carré, plus étroit en avant, convexe sur le milieu du dos, abaissé latéralement; base faiblement cintrée sur les élytres, étroitement sillonnée et marginée; sommet droit, creusé près du bord, excepté au milieu; côte longitudinale entière; deux taches noires, obliques, de chaque côté, presque réunies, les inférieures plus fortes. On voit en dessous un point noir en arrière de l'insertion des pattes. *Ecusson* moyen, peu ponctué, triangulaire et tronqué. *Elytres* guère plus larges que la tête, y compris les yeux, courtes, arrondies sur le sommet de la marge et de la suture; tache noire, transverse, rapprochée de la marge et dirigée obliquement vers l'écusson; une autre arrondie à côté de la suture vers son milieu; troisième plus grande au centre de chaque étui et aux deux tiers de leur longueur. Epaule élevée, tronquée obliquement en dehors. *Pygidium* arrondi angulairement et étroit, relevé sur les côtés, roux, peu ponctué. Dessous du *corps* roux, bord antérieur de la poitrine, petite tache centrale noire et une latérale, ronde, polie, de même couleur; pointe *sternale* courte, émoussée. Cuisses mutiques, très-ponctuées, postérieures ayant en dessous un point noir; jambes courbées, aplaties sur le dos, deux petites épines les terminent.

Prise en petit nombre par nos voyageurs.

Cette espèce a été désignée dans mes envois sous le nom de *M. Klugii.* [1]

---

[1] Le *M. balteatus*, décrit dans l'ouvrage précité, p. 219, n'est autre que mon *nigrocinctus*, qui aura l'antériorité; M. le comte Dejean en possède une variété dont les élytres n'ont pas de bande noire; il est quelquefois jaune d'ivoire ou d'un roux clair.

(5e fascicule. Janvier 1835.)

Pentamère. (Tétramère, Eupode, Lat.)

3. LEMA, *Fab.*

CRIOCERIS, *Ol. Lat.*

ATRICORNIS, *Chevrolat.*

Lævis, flavicans. Antennis (primo articulo excepto), oculis, tibiis tarsisque nigris. Thorace constricto lateribus, sulcato transversè. Elytris punctato-striatis.

Long. 8 mil. Lat. 5 mil. — Toulepeck.

Grandeur de la *Lema brunnea* de Fab.; assez semblable à cette espèce, mais ses antennes sont plus grêles. Elle est lisse, d'un jaunâtre luisant. *Tête* ayant deux élévations longitudinales arrondies, placées bout à bout entre les antennes, sillonnées sur leurs bords. *Antennes* allant jusqu'au milieu du corps, noires, premier article fauve. *Corselet* plus long que large, étranglé sur le côté et sillonné transversalement au milieu. *Ecusson* petit, arrondi en arrière. *Elytres* trois fois aussi larges et longues que le corselet, arrondies au sommet de la marge, à peine sur la suture. Sur chaque étui dix stries de points peu enfoncés, assez éloignés, distincts, les stries marginale et suturale placées sur une ligne enfoncée, petite dépression au dedans de l'épaule. *Epipleures* sinueux au tiers de la base; ils sont jaunâtres, ainsi que les cuisses et le dessous du corps. Jambes et tarses noirâtres.

Etait unique dans le premier envoi fait par nos voyageurs. Se placera près des *Lema merdigera* et *brunnea* de Fab.

(5e fascicule. Janvier 1835.)

Pentamère. (Tétramère Eupode, Lat.)

4. LEMA, *Fab.*

CRIOCERIS, Ol. Lat.

CHALYBEIPENNIS, *Chevrolat.*

Nitida, rubra. Capite suprà et infrà, antennis, oculis, dimidio apicali femorum anticorum et medianorum, horumque tibiis, parte extremâ tibiarum posticarum, cunctisque tarsis nigricantibus. Capite lævi rubro vertice. Thorace rubro, lateribus valdè constricto, transversè sulcato. Elytris azureis, punctato striatis.

Long. 7 mil. Lat. 4 mil. — Toulepeck.

Tête unie, d'un noir mat, assez brillant en arrière, rouge près du bord du corselet; deux élévations longitudinales, angulaires, bout à bout, entre les antennes, sillonnées de chaque côté. *Yeux* et *antennes* noirâtres. *Corselet* lisse, d'un rouge vif, plus large que la tête y compris les yeux, plus long que large, excessivement étranglé au milieu sur le côté et déprimé transversalement, un peu marginé et cintré faiblement à la base; le sommet est droit, il s'arrondit autour de la tête et forme une sorte de bourrelet. *Ecusson* noir, étroit, conique et tronqué. *Elytres* trois fois aussi larges que le corselet et ayant deux fois et demie sa longueur, arrondies sur le sommet de la marge, beaucoup moins sur la suture, d'un beau bleu brillant: chaque étui avec dix rangées de points espacés; plus gros et plus enfoncés à la base, surtout près de l'écusson; stries marginale et suturale situées sur une ligne enfoncée, sinueuse au-dessous de l'épaule; épaule saillante, petite dépression en dedans. *Epipleures* arrondis, étroits. Dessous du *corps* rouge, à l'exception de la tête, de la moitié des cuisses antérieures et médianes, de l'extrémité des jambes postérieures et de tous les tarses, qui sont noirâtres, à pubescence cendrée.

Unique dans le premier envoi fait par nos voyageurs.

Voisine de la *Lema tuberculata* d'Olivier, près de laquelle il faudra la placer.

(5e fascicule. Janvier 1835.)

Pentamère. (Tétramère, Eupode, Lat.)

5. LEMA, *Fab.*

CRIOCERIS, *Ol. Lat.*

IMMACULICOLLIS, *Chevrolat.*

Lævis, flava, affinis Lemæ trilineatæ, *Ol. Palpis, antennis, tribus primis articulis exceptis, in elytris tribus vittis, geniculis, tibiis tarsisque nigris. Capite thoraceque rubro-pallidis. Elytris punctato-striatis.*

Long. 7 mil. Lat. 3 mil. — Toulepeck.

Palpes noirs. *Mandibules* et *chaperon* d'un jaune pâle. *Tête* d'un rouge très-pâle, ayant en dessus deux sillons étroits et profonds en forme de V; un autre au milieu, terminé par un point enfoncé. *Antennes* allant jusqu'au milieu du corps, noires, les deux premiers articles et base du troisième rougeâtres. *Yeux* livides. *Corselet* plus long que large, droit au sommet, moins sur la base; celle-ci est faiblement cintrée; comprimé latéralement dans son milieu; sillon transversal rapproché de la base; il est avancé angulairement sur le côté à sa partie antérieure. *Ecusson* étroit, d'un rouge obscur. *Elytres* d'un jaune pâle, trois lignes noires, une marginale commençant sur l'épaule, s'arrêtant avant son sommet et une commune sur la suture; sur chaque étui dix rangées de points en stries, plus profonds près de la base; épaule arrondie, jaune en dehors, une strie oblique sur le dedans, dirigée sur la ligne noire; marge épaisse, arrondie, surmontée d'une ligne enfoncée, remontant le long de la suture et servant de limite à la ligne noire suturale. Dessous du *corps* et cuisses jaunes; genoux, jambes et tarses noirâtres, à pubescence grise.

Différence entre les *Lema*

immaculicollis	et *trilineata* d'Ol.
Antennes noires, les trois premiers articles rougeâtres.	Antennes noires, plus épaisses au sommet; le premier article jaune.
Corselet un peu plus rouge, sans points.	Corselet avec deux points noirs à sa partie antérieure.
Elytres avec trois lignes, noires celle placée sur la suture entière et avancée à l'extrémité, jusque sur la marge.	Elytres plus larges; la ponctuation des stries beaucoup plus forte; ligne suturale s'arrêtant avant le sommet.
Corps en dessous d'un jaune pâle, ainsi que les cuisses, genoux, jambes et tarses noirâtres.	Corps et pattes d'un rouge pâle; sommet des jambes et tarses noirs.

Du premier envoi fait par nos voyageurs. Prise en petit nombre.

Pentamère. (Tétramère Eupode, Lat.)

6. LEMA, *Fab.*

CRIOCERIS, Ol. Lat.

SIGNATICORNIS, *Chevrolat.*

Ater. Labio, antennis basi et apice, parte anteriore thoracis, elytris (punctato-striatis) cum vittis quatuor coeuntibus ad extremitatem (una marginali, altera ponè suturam), pedibus punctisque duobus analibus flavis.

Long. 7 mil. Lat. 3 ½ mil. — Toulepeck.

Grandeur de la *Lema trilineata* d'Ol. *Tête* d'un noir mat en dessus, deux sillons en avant, réunis en forme de V, ligne très-faible au milieu. *Chaperon* droit. *Lèvre* et *palpes* d'un jaune obscur. *Antennes* atteignant au milieu du corps, articles 1—5, 11 et 12 avec le sommet du dixième, d'un rouge jaune; 6—10 noirs. *Corselet* lisse, aussi haut que large, très-comprimé latéralement, sillon transversal; moitié postérieure noire, celle antérieure jaune, le noir remonte sur le côté vers le haut. *Ecusson* triangulaire, noir. *Elytres* deux fois aussi larges que le corselet, deux fois et demie aussi longues, noires, ayant chacune dix stries formées de points enfoncés, rapprochées entre elles près des bords; deux lignes jaunes, dont une marginale, l'autre placée sur la deuxième à la quatrième stries, réunies à l'extrémité. *Pattes* et *trocanters* d'un rouge pâle. Dessous du *corps* noir ; dernier segment de l'abdomen avec deux points jaunes.

Prise en petit nombre par nos voyagenrs. Voisine de la *tuberculala* d'Ol.

(5e fascicule. Janvier 1835.)

Pentamère. (Tétramère Eupode, Lat.)

7. LEMA, *Fab.*

CRIOCERIS, *Ol. Lat.*

SEXNOTATA, *Chevrolat.*

Flava. Antennis (primo articulo excepto), tibiis, tarsis atque in elytris sex punctis triangulariter dispositis antè medium, nigris. Capite, thorace et macula sub-apicali in elytris miniatis; his punctato-striatis.

Long. 6 mil. Lat. 3 mil. — Toulepeck.

D'un jaune clair luisant. *Mandibules* noires à l'extrémité, avec les parties de la bouche et le premier article des antennes jaunes. *Tête* d'un rouge vif, lisse, une élévation transversale entre les yeux, interrompue au milieu; sillonnée en dessus, en forme d'un V. Elle est arrondie cylindriquement en arrière des yeux. *Antennes* dépassant la base du corselet, d'un brun noir. *Corselet* plus long que large, du même rouge que la tête, mais ayant le bord de la base jaune; très-comprimé latéralement dans son milieu et sillonné traversalement en dessus; bord antérieur renflé en sorte de bourrelet. *Ecusson* jaune. *Elytres* courtes, deux fois et demie au moins aussi larges que le corselet, arrondies à l'extrémité, moins sur la suture, jaunes, tache d'un rouge vif avant le sommet, trois points noirs sur chaque étui.: premier au-dessous de l'épaule, près de la marge; troisième au-dessous, un peu transversal et placé en dedans de l'élytre; deuxième à côté de la suture et figurant à eux trois un triangle : dix stries de points assez gros devenant plus petits vers la marge; celle-ci est arrondie et a une ligne très-enfoncée remontant le long de la suture. Dessous du *corps* d'un jaune livide. *Trocanters* et cuisses d'un jaune clair. Jambes et tarses noirs ; le troisième article cendré.

Du premier envoi fait par nos voyageurs.

Devra avoisiner la *Lema sexpunctata* de Fabricius.

Pentamère (Tétramère Eupode, Lat.)

8. LEMA, *Fab.*

CRIOCERIS, Ol.

BASALIS, *Chevrolat.*

Simillima Crioceri bifido *Olivieri. Capite thoraceque rubidis. Elytris flavis (punctato-striatis) cum fascia transversa lineam humeralem suturæ jungente, altera fascia abbreviata ultrà medium, antennis basi, pectore, tibiis tarsisque nigris, vel nigricantibus. Femoribus, pectore medio abdomineque flavis.*

Long. 6 ¼ mil. Lat. 3 ½ mil. — Véra-Cruz.

Tête rouge, deux sillons ordinaires en forme de V, petite ligne assez enfoncée en avant du front. *Chaperon* droit, cambré au milieu, obscur. *Mandibules* noires. *Antennes* noirâtres, les trois articles de la base d'un jaune sombre. *Yeux* d'un brun foncé. *Corselet* de la couleur de la tête, plus long que large, très-comprimé sur le côté et avancé à sa partie antérieure, sillon transversal en dessus au-delà du milieu ; il est presque droit à la base ; ligne profonde aux côtés antérieurs. *Ecusson* rougeâtre. *Elytres* beaucoup plus larges que la tête et que le corselet, jaunes, dix stries de points espacés, celle marginale à points contigus ; ces stries se réunissent entre elles passé le milieu ; elles paraissent sillonnées sur la bande noire dorsale, qui est située aux deux tiers de leur longueur; cette bande ne dépasse pas la huitième strie; suture noire seulement en dessous de la bande; petite ligne humérale courte, réunie en dessous, à la suture, par une bande transverse; toutes trois sont noires; marge épaisse, arrondie. Côtés de la poitrine, jambes et tarses noirâtres. Cuisses, *trocanters*, appendices, milieu de la poitrine et *abdomen* jaunes. Dessous du corselet rougeâtre.

De l'envoi fait par nos voyageurs. Unique.

Différence entre les *Lema*

bifida, Ol.	*basalis*.
Taille un peu plus grande.	
Tête noire.	Tête rouge, enfoncement en avant du front.
Antennes longues, grêles, noirâtres, les deux derniers articles roux.	Antennes renflées au sommet, noires, les trois articles de la base jaunâtres.
Corselet semblable de couleur et de forme.	
Ecusson noir.	Ecusson rougeâtre.
Elytres avec une ligne humérale courte et commencement de la suture, noires, deux points irréguliers de même couleur, aux deux tiers de leur longueur.	Elytres avec une ligne humérale courte, plus étroite près de la réunion à la bande transverse qui la joint à la suture; bande dorsale avec la suture en dessous noires.
Pattes, abdomen, dessous du corselet et partie antérieure du milieu de la poitrine jaunes.	Cuisses. abdomen, milieu de la poitrine jaunes; dessous du corselet rouge.

———

(5e fascicule. Janvier 1835.)

Pentamère. (Tétramère Eupode Lat.)

9. LEMA, *Fab.*

Crioceris, *Ol. Lat.*

Confusa, *Chevrolat.*

Statura Lemæ 6-punctatæ, *Fab. Atra. Elytris flavis, striato-punctatis cum sutura et vitta laterali (apice aliquoties junctis) nigris. Duobus punctis analibus flavis.*

Var. β. Capite de oculos ad verticem, abdomineque rubris.

Long. 5 ½. — 6 mil. Lat. 2 ¾. 3 — Toulepeck.

D'un noir foncé brillant. *Tête* bi-sillonnée le long des yeux, lisse. *Chaperon* droit, convexe en-dessus. *Antennes* ayant la longueur de l'élytre, noirâtres, les trois articles de la base d'un noir brillant. *Yeux* d'un brun noir; échancrure en arrière de la base de l'antenne. *Corselet* court, plus long que large, comprimé latéralement; faiblement cintré avec une petite ligne enfoncée du côté de l'écusson; droit, renflé et cylindrique en avant; sillon transversal au-delà du milieu; ponctuation fine et irrégulière. *Ecusson* triangûlaire, noir. *Elytres* trois fois aussi larges que le corselet, jaunes; dépression en-dedans de l'épaule; dix stries de gros points enfoncés, réunies entre elles avant l'extrémité; suture large; bande latérale limitée à la strie marginale, commençant au-dessous de l'épaule et finissant avant l'extrémité de la marge, noires; quelque fois cette bande est réunie par le bas à la suture; sommet de la suture avec tache noire. Dessous du *corps* et *pattes* noirs, ponctués; jambes pubescentes, noirâtres; cuisses brillantes. Deux taches jaunes au dernier segment de l'abdomen.

La var. β a la partie postérieure de la tête à partir des yeux, ainsi que l'abdomen et les trocanters rouges.

Prise en petit nombre par nos voyageurs; se placera près des *L. 6-punctata*, Fab. et *fasciata* Germar.

(5e fasicule. Janvier 1835.)

Pentamère. (Tétramère Eupode, Lat.)

10. LEMA, *Fab.*

CRIOCERIS, Ol. Lat.

PLUMBEA, *Chevrolat.*

Simillima Crioceri tricolori *Olivieri. Parte anteriore capitis suprà et infrà, antennis, oculis pedibusque nigris. Fronte, thorace et ortu femorum sanguineis. Elytris cyaneis, valdè punctato-striatis. Corpore subtus plumbeo.*

Long. 5 mil. Lat. 3 1/4 mil. — Toulepeck.

Très-voisin du *Crioceris tricolor* d'Ol., mais d'une taille plus forte. *Tête* noire, jusqu'au-dessus de la base des antennes et le long des yeux, rouge à sa partie postérieure et en dessous, sillonnée faiblement le long des yeux. *Antennes* grêles, noirâtres, atteignant au milieu des élytres; articles allongés, à commencer du troisième jusqu'au sommet. *Yeux* globuleux, noirâtres, à hachures fines. *Corselet* un peu plus long que large, anguleux sur le côté antérieur, peu comprimé et sillonné en dessus près de la base; celle-ci est faiblement cintrée sur les élytres et est rebordée; il est d'un rouge sanguin et couvert de petits points irréguliers. *Ecusson* petit, noir. *Elytres* trois fois aussi larges que la base du corselet, arrondies sur l'extrémité de la marge, moins sur la suture, bleues; dix stries sur chaque étui, formées de gros points profonds, rapprochées davantage près des bords; celles suturale et marginale sillonnées; épaule élevée, arrondie. *Pattes* et *trocanters* noirâtres; cuisses rouges, seulement à leur naissance, d'un noir lisse au-delà; sommet des jambes et tarses d'un noir cendré; dessous du *corps* de couleur plombée.

Etait unique dans l'envoi fait par nos voyageurs.

Différence entre les *Lema*.

tricolor, Ol.	*plumbea.*
Taille plus petite.	
Tête d'un rouge pale, noire seulement à sa partie antérieure.	Tête d'un rouge sanguin; le rouge est limité à la réunion des sillons, et la partie interne du sillon qui longe les yeux est noire; elle est seulement rouge à la base, en dessous.
Antennes brunes.	Antennes noirâtres.
Corselet du même rouge que la tête, un peu plus anguleux antérieurement; sillon transversal plus éloigné de la base, étroit et profond.	Corselet du même rouge que la tête, plus convexe au milieu antérieur, moins comprimé latéralement.
Ecusson rouge. (Olivier dit, sans doute par errenr, qu'il est noir.)	Ecusson noir.
Elytres un peu plus étroites, moins élevées; l'extérieur de l'épaule est caréné et creusé en dessous; stries irrégulières, moins fortement ponctuées.	Elytres robustes, plus convexes; stries plus régulières, à points très-profonds.
Cuisses d'un rouge très-pâle, une tache en dessus des quatre antérieures; extrémité des postérieures noires; les autres parties des pattes d'un brun noirâtre.	Cuisses moins longues, plus renflées, d'un noir brillant, rouges seulement au-dessus des trocanters; jambes et tarses d'un gris noirâtre.
Poitrine et abdomen noirâtres; côtés de la poitrine ferrugineux.	Poitrine et abdomen d'un noir plombé.

(5e fascicule. Janvier 1835.)

Pentamère (*Tétramère Eupode, Lat.*)

11. LEMA, *Fab.*

CRIOCERIS, *Ol. Lat.*

LONGICORNIS, *Chevrolat.*

Affinis Lemæ nigricorni *Fab.*, *statura* L. melanopæ, *sed angustior, minuta, rubidula. Capite antice, puncto frontali, antennis (primo articulo excepto), oculis, femoribus suprà, tibiis, tarsis et pectore nigricantibus. In thorace vitta longitudinali, limitata sulco transverso, in elytris, humero, macula scutellari extensa ad medium, altera macula postica, viridi-cyaneis; his punctato-striatis.*

Long. 4 mil. — Lat. 1 ½ mil. — Toulepeck.

Voisine de la *L. nigriconis* de Fab., mais beaucoup plus étroite, rougeâtre. *Tête* sillonnée entre les yeux, point noir central. *Chaperon* droit en avant, point enfoncé près du bord, noir, ainsi que la *lèvre*. *Antennes* grèles, de la longeur du corps, d'un brun noirâtre, premier article jaune. *Yeux* noirs, globuleux, à hachures fines. *Corselet* lisse, un peu plus long que large, presque droit aux extrémités, ligne longitudinale bleue, limitée au sillon transversal qui avoisine la base: sur celle-ci une ligne étroite; il est arrondi sur le côté antérieur et son bord est épais. *Ecus-*

son triangulaire, bleu. *Élytres* plus larges que la tête y compris les yeux, ayant deux fois la longueur du corselet, droites latéralement, arrondies à l'extrémité, presque angulaires sur le sommet de la suture; neuf stries formées de gros points, irrégulières sur le côté, celle marginale sillonnée, deux courts sillons à la base entre l'épaule et l'écusson; épaule bleue; deux taches dorsales, première s'étendant jusqu'au milieu des élytres, ne dépassant pas le deuxième sillon de la base, dilatée sur les côtés à sa partie postérieure; deuxième placée plus bas. L'espace entre ces deux taches offre une bande rougeâtre transverse, qui occupe ensuite toute la marge et remonte entre l'épaule et l'écusson. *Pattes* noirâtres, postérieures...... ; cuisses d'un jaune testacé excepté aux sommets supérieurs; *trocanters* jaunes. *Abdomen* et dessous du corselet rouges, poitrine noire à pubescence grise, milieu d'un rougeâtre obscur.

Unique, envoyée par nos voyageurs.

Tétramère Ciclique Lat.

I. OMOCERUS[1], *nov. gen.*

IMATIDIUM, Lat.

CASSIDA, Fab. et auctorum.

AZUREICORNIS, *Chevrolat.*

Smaragdinus, undique suprà punctis profundis impressus. Quinque ultimis articulis antennarum oculisque atris. Thorace semi-circulari, in capite emarginato. Elytris apice rotundatis cum cornu emicante ex humero. Marginibus tarsorum tibiisque apice flavo-aureis.

Long. 12 mil. — Lat. 8, cum cornubus 11 ½. — Toulepeck.

D'un vert émeraude en-dessus, bleuâtre en-dessous; points gros et enfoncés sur le corselet et les élytres. *Tête* découverte, rugeusement ponctuée; ligne longitudinale profonde, saillie cintrée en avant des antennes. *Antennes* atteignant le milieu du corps, vertes; les cinq derniers articles d'un noir verdâtre, plus gros, cylindriques, presque égaux, le dernier seulement un peu plus long. *Corselet* large à sa base, arrondi et avancé sur l'écusson, semi-cintré sur le devant; les bords sont plats et s'avancent un peu au-delà du milieu; ligne longitudinale assez profonde,

---

[1] Ωμοσ *humerus*, κεϱασ *cornu.*

n'allant pas jusqu'aux extrémités. *Ecusson* petit, triangulaire, d'un bleu azuré. *Elytres* un peu moins larges au sommet, arrondies carément sur l'extérieur de la marge, transversalement gibbeuses au-dessous de la base, abaissées sur le devant et en arrière; corne large, d'un bleu azuré, avancée, tronquée, partant de l'épaule; côte ou carène en-dessus, avec un large sillon de chaque côté, creusée en gouttière en-dessous. *Epipleures* bleuâtres, très-larges. *Pattes* unies et ponctuées. Le sommet des jambes et bords des tarses d'un jaune doré.

Etait unique dans le premier envoi fait par nos voyageurs.

Les *Cassida bicornis* et *taurus*, d'Olivier, et deux espèces inédites du Brésil devront appartenir à ce nouveau genre.

Tétramère Cyclique Lat.

1. CHLAMYS, *Knoch*, *Kollar*, *Klug*.

CLYTRA, *Fab*.

MACULIPES, *Chevrolat*.

Pulvere cinereo vestita, virescens, vel obscura. Capite, antennis (apice excepto), pedibus, marginibus corporis pygidioque flavis. Thorace gibbo, cum nitidis duabus-maculis atris dorso. In elytris 18-*tuberculis nigris. Femoribus posticis, cunctisque tibiis in medio nigro-maculatis. Pygidio et corpore subtus punctatissimis.*

Long. 5 mil. – Lat. 3 ½ mil. — Alvarado. Orixaba.

Tête d'un jaune orangé, quelque fois un point noir au front. *Mandibules* et *Yeux* noirs. *Antennes* jaunes, obscures au sommet. *Corselet* entourant cylindriquement la tête en avant; jaune seulement aux angles antérieurs; base bi-sinuée, avancée sur l'écusson, tronquée et fourchue en-dessus; gibbeux, arrondi et scabreux sur le dos; deux taches d'un noir luisant, une sur chaque côté. *Ecusson* noir, en triangle renversé. *Elytres* scabreuses, guère plus larges que le corselet, atténuées faiblement au-delà du milieu, plus étroites à l'extrémité de la marge : sur chaque étui, neuf élévations tuberculeuses : la première, au milieu de la base; la deuxième, sur l'épaule; la troisième, au-dessous de la première ; les quatrième et cinquième, passé le milieu à la même hauteur, celle suturale est la plus élevée de toutes ; la 6e, en-dessous et au milieu de ces deux dernières ; la 7e, près de la suture ; la huitième, peu saillante ; la neuvième, près de l'angle de la marge ; suture crénelée ; marge avancée, arrondie au-dessous de l'épaule, bordée de jaune tout le long du corps. *Pygidium* circulaire, fortement ponctué, entouré de jaune. *Pattes* jaunes, cuisses postérieures et jambes avec un point noir au milieu ; extrémité des crochets verts. Dessous du *corps* profondément ponctué.

Je possède un exemplaire chez lequel les cuisses offrent des points noirs obsolètes.

De l'envoi de M. Vasselet et de Mme Sallé ; pris en terre chaude pendant le mois de juin.

Tetramère Cyclique, Lat.

1. CLYTHRA, *Fab.*

BIS-QUADRIPUNCTATA, *Chevrolat.*

Flava. Oculis, in singulo elytro quatuor punctis nigris. Antennis (basi excepta) ortuque tibiarum nigricantibus. Femina.

Long. 7 mil. — Lat. 4 mil. — Alvarado.

Jaune. *Tête* lisse, convexe. *Chaperon* échancré anguleusement. *Mandibules* noires à l'extrémité. *Antennes* d'un noir cendré; les trois premiers articles jaunes. *Corselet* étroit, transverse, abaissé latéralement, convexe; côtés arrondis et relevés, ligne enfoncée, sinueuse en avant de la base. *Ecusson* grand, exactement triangulaire. *Elytres* trois fois aussi longues que la tête et que le corselet réunis, un peu plus larges vers le sommet, arrondies sur chaque côté; quatre points noirs sur chaque étui: deux au tiers de leur longueur, deux autres au-dela du milieu, marge sinueuse au-dessous de l'épaule. *Corps* d'un blanc jaunâtre, soyeux. *Pattes* jaunes; naissance des jambes et tarses noirâtres; cuisses antérieures assez longues.

Prise en petit nombre par nos voyageurs.

(5e fascicule. Janvier 1835.)

Pentamère — (Tetramère Clavipalpe Lat.)

3. EROTYLUS, *Fab.*, *Duponchel.*

APIATUS, *Chevrolat.*

Divisio secunda.

Lævigatus, flavo-pallidus. Antennis (duabus articulis basi flavis) oculis, in thorace lineà semilongitudinali, scutello, in elytris 22-maculis, sæpius transversalibus, trochanteribus, geniculis, tibiis, tarsisque nigris. Elytris punctato-striatis.

Long. 10 $^1/_2$ mil. Lat. 5 $^3/_4$ mil. Orixaba, Véra-Cruz.

Forme de l'*Erot. trifasciatus*, Oliv., d'un jaune pâle, lisse. *Tête*, *palpes* et les deux premiers articles des antennes d'un jaune rougeâtre; ligne transversale entre ces dernières. *Chaperon* carré, ponctué. *Antennes* grêles, dépassant le corselet, noires ainsi que les *yeux*. *Corselet* aplati, abaissé sur le devant, arrondi latéralement et rétréci près de la tête, échancré en cintre en avant, ligne enfoncée sur le bords, biarqué et arrondi sur l'écusson, marge rebordée; ligne longitudinale noire, partant du bord antérieur, s'arrêtant vers le milieu; deux enfoncemens dont un de chaque côté. *Ecusson* noir, arrondi en arrière. *Elytres* d'un jaunâtre pâle, convexes, trois fois plus longues que le corselet, élargies au milieu, arrondies obliquement et prolongées vers le bout, inclinées sur le devant, après la base, de l'autre côté jusqu'à l'extrémité : chaque étui avec six stries rapprochées de la suture et formées de petits points, les côtés en sont privés ; onze taches noires, dont quatre transversales et un point, placés le long de la suture, quatre points et deux taches transverses près de la marge, la troisième est située plus au centre; marge rebordée, creusée, rougeâtre. *Epipleures* inclinés sur la poitrine. Cuisses d'un jaune assez rouge; leur sommet, trocanters, jambes et tarses noirs.

Pris en petit nombre par nos voyageurs, au sommet des montagnes, sur des pieux servant de clôtures et sur lesquels sans doute se trouvaient des agarics.

5e fascicule. Janvier 1835.

Trimère Fungicole, Lat.

2. ENDOMYCHUS, *Fab.*

RUFITARSIS, *Chevrolat.*

Punctulatus, ater. Ore, duobus ultimis articulis antennarum, tibiis apice, tarsisque rufis. Thorace in capite emarginato, rotundato et latiore lateribus anticis, linea longitudinali cum sulcis duobus basi impressis.

Long. 10 mil. Lat. 5 mil. — Toulepeck.

Très-noir, pointillé en dessus. Toutes les parties de la bouche et *mandibules* fauves. *Chaperon* droit, lèvre échancrée en avant. *Antennes* noires, plus longues que la base du corselet, les deux derniers articles fauves. *Corselet* droit à la base, échancré faiblement en cintre sur la tête, angles larges, arrondis, s'élargissant sur le côté, près de sa partie antérieure; ligne longitudinale; deux sillons étroits, profonds, assez rapprochés des bords, allant au deux tiers de sa hauteur, coupés en devant, avec la partie centrale plus élevée. *Ecusson* transverse, arrondi aux côtés. *Elytres* un peu plus larges que le corselet à sa partie antérieure, droites et avancées au devant de l'épaule, arrondies sur l'extrémité de la marge, un peu anguleuses avant la suture, marge relevée. *Epipleures* inclinés sur la poitrine, pointillés. Dessous du *corps* et *pattes* noirs ; genoux, extrémité des jambes et tarses fauves.

Etait unique dans le premier envoi fait par nos voyageurs.

(5e fascicule. Janvier 1835.)

Tétramère. (Trimère, Lat. Aphidiphage.)

1. CHILOCORUS, *Leach, in Steph. Syst. Cat.*, p. 230.

COCCINELLA. *Auctorum.*

PENTASPILOTUS, *Chevrolat.*

Cassidata, rotundata, punctulata, viridi-smaragdina. Antennis, capite, macula laterali in thorace, puncto apicali in singulo coleoptero, pedibus, abdomineque flavis. Pectore nigro.

Long. 4 $^1/_2$ mil. Lat. 4 $^1/_4$ mil. — Tuspan.

D'un vert émeraude. De la division de la *Coccinella bipustulata*, Fab; mais aussi voisine de la *Marginella* du même auteur. *Tête* en carré transverse, jaune, ainsi que les antennes. *Yeux* cendrés, pâles. *Corselet* échancré largement sur la tête, rebord avancé et arrondi au milieu, courbé ensuite au-dessus des yeux, abaissé sur les côtés, cintré et convexe en arrière; chargé d'un pointillé fin et nombreux; deux taches assez larges, d'un jaune rouge, occupant tout le côté. *Ecusson* parfaitement triangulaire, moyen. *Elytres* circulaires, semi-sphériques, pointillées d'une manière plus forte que sur le corselet; un point d'un jaune rouge, arrondi en dessus, sur l'extrémité avant la suture; elles sont un tant soit peu évasées sur cette dernière. *Epipleures* larges, très-avancés extérieurement, verts, l'extrémité rouge à la place des taches. Côtés du corselet en dessous, pattes et abdomen jaunes; poitrine et milieu du corselet noirs.

Envoi de Mme Sallé et de M. Vasselet.

(5e fascicule. Janvier 1835.)

Pentamère. — Carabique.

10. CICINDELA, *Linn. Dej.*

HYDROPHOBA, *Chevrolat.*

Statura C. dydimæ, *Dej. Capite, thorace et scutello rubris, viridibus, cæruleis, aureisque. Elytris atro-brunneis cum macula humerali, altera inferius, in medio fascia flexuosa suturam haud attengente, puncto marginali parvo lunulaque apicali integra, in marginem apice laxata, labio mandibulisque flavis. Sutura rubro-fulgente. Corpore subtus aurato. Abdomine rhodino.*

Long. 10 ½ — 12 mil. Lat. 5 mil.

Cette espèce, voisine des *C. dydima* et *aurulenta*, est plus petite et ne leur est pas inférieure par le brillant des couleurs. *Tête* finement ridée en dessus, d'un rouge très-vif, mélangé de cuivreux, bleue le long des yeux; deux taches de cette couleur au milieu supérieur de ceux-ci. *Lèvre* jaune, avancée, arrondie, inégale, sans dents apparentes, six points munis chacun d'un poil; un peu angulaire sur le côté; dans la femelle elle est longitudinalement élevée au milieu. *Mandibules* jaunes à la base, vertes, dernière dent et l'extrémité noires. *Palpes* verts, les labiaux d'un jaune pâle, dans le mâle seulement, avec le dernier article vert. *Chaperon* anguleux sur la tête, ligne enfoncée, transverse en dessus. *Antennes* brunes; les quatre premiers articles lisses, noirs, à reflets brillans, métalliques. *Yeux* gonflés, livides. *Corselet* une fois et demie aussi long que large, droit sur les quatre extrémités, d'un beau rouge vif, mélangé de cuivreux doré; premier sillon transversal anguleux sur le centre, second assez rapproché de la base, droit, tous deux profonds, d'un bleu vif dans le mâle, verts dans la femelle; sillon longitudinal peu enfoncé; il est ridé en travers, quelques poils courts, blancs sur les côtés. *Ecusson* triangulaire, un peu élargi avant la pointe; d'un rouge vif, avec son entourage bleuâtre. *Elytres* droites en avant de l'épaule, parallèles, un peu plus larges vers le haut, arrondies et finement dentées à l'extrémité, anguleuses sur le sommet de la suture; sa terminaison à peine épineuse; taches jaunes, disposées ainsi sur chaque étui : première en dehors de l'épaule; deuxième en dessous, de forme un peu carrée; bande au milieu, transverse, flexueuse, n'atteignant pas la marge, ni la suture, plus éloignée de cette dernière; en dessous, point marginal très-petit; lunule apicale entière, remontant sur le milieu de chaque étui et y formant un point élargi. *Pattes* longues, couvertes de quelques poils blancs; cuisses d'un rouge cuivreux; jambes vertes, deux épines les terminent; les trois articles des tarses antérieurs, dans le mâle, longs, velus d'un côté, peu élargis. Dessous du corselet d'un rouge pourpre, base d'un bleu azuré; poitrine rouge, verte et dorée, d'un cuivreux doré chez la femelle. *Abdomen* d'un rose jaunâtre.

Une quinzaine d'individus a été prise en plein soleil par nos voyageurs, pendant le mois de juin, en terre chaude, près de Véra-Cruz, sur des monts de sable et aussi sur les feuilles de diverses plantes. Ils ont observé qu'elle se trouvait dans les lieux fort éloignés des eaux.

(6e fascicule. Juin 1835.)

Pentamère. — Carabique.

11. CICINDELA, *Linn. Ol. Dej.*

SALLEI, *Chevrolat.*

Valdè affinis Cic. Aulicæ, *Dej. et* Lunatæ, *Fab. Obscura, nigro-cyanea. Mandibulis, palpis maxillaribus (extremitatibus exceptis), labioque flavis. Capite sub-rugato, thorace longiore latitudine, sulcis duobus transversis, et linea longitudinali impressis. Elytris porosis, vix dentulatis apice, singulo elytro cum quatuor punctis, fascia in medio punctis duobus formata lunulaque apicali flavis. Pedibus viridibus. Abdomine roseo.*

Long. 10 ½ mil. Lat. 4 mil.

Elle a la même disposition de taches aux élytres que la *Cic. hydrophoba*. Sa forme et ses couleurs la rapprochent bien plus de la *C. Aulica* de Dejean. Noirâtre. *Tête* à faibles rides longitudinales en dessous du bord supérieur des yeux, lequel est cuivreux métallique brillant. *Mandibules* jaunes à la base latérale, vertes au-delà du milieu; extrémité et dents noires. *Palpes* maxillaires, labiaux jaunes, pâles, ayant leur dernier article vert. *Lèvre* jaune, avancée, prolongée sur le milieu, inégale, sans dentelures, noirâtre sur le bord, droite sur les côtés: six points avec poil. *Chaperon* anguleux sur la tête, surmonté d'une ligne transverse. *Antennes* d'un brun noirâtre mat, les quatre premiers articles d'un vert foncé métallique. *Yeux* obscurs, maculés de noir. *Corselet* d'un obscur bronzé, un peu plus long que large, presque droit à la base, également droit au sommet, entourant cylindriquement la tête : des deux sillons transversaux, l'antérieur est le plus éloigné du bord et rentre angulairement sur la ligne longitudinale; côtés droits, un peu plus larges entre les sillons; base et sommet en dessous canaliculés, bleus, d'un doré cuivreux sur les côtés; le dos offre quelques crevasses. *Ecusson* triangulaire, doré, aigu et obscur par le bas. *Elytres* de la largeur de la tête, y compris les yeux, arrondies carrément à l'épaule, rondes et dentelées finement à l'extrémité; suture saillante, d'un vert métallique obscur; épine presque nulle; elles sont poreuses, d'un noir bleuâtre, tirant sur le vert près des bords; points jaunes, arrondis, assez gros, disposés ainsi : premier sur le dehors de l'épaule; deuxième en dessus, plus intérieur, carré, deux points liés ensemble par une faible ramification, formant alors une bande oblique vers la suture, qui ne l'atteint pas non plus que la marge; troisième très-petit sur la marge; quatrième avant le sommet, rapproché de l'angle marginal, lunule presque séparée, mince au milieu, ne joignant ni la suture ni la marge en dessous; celle-ci est bleue, faible, creusée en avant. *Epipleures* bleus, étroits, légèrement avancés sur l'extrémité de la poitrine. *Corps* couvert de poils blancs; côtés de la poitrine d'un cuivreux doré. *Abdomen* rougeâtre. *Pattes* vertes, hérissées de poils; les quatre cuisses antérieures épaisses, postérieures plus longues; les trois tarses antérieurs du mâle longs, arrondis, à peine dilatés; le premier est double du troisième. Mâle.

Trouvé par le jeune Sallé (Auguste), en allant de la Véra-Cruz à Orixaba. Notre *rubriventris* n'en est peut-être qu'une variété, dont le bleu serait mieux déterminé, à taches très-petites, sans lunule ni bande et offrant alors quatre points en plus.

(6e fascicule. Juin 1835.)

Pentamère. — Carabique.

12. CICINDELA, *Fab. Ol. Dej.*

INCERTA, *Chevrolat.*

Griseo-obscura, elytra cum intima parte, oculo armato, inspectâ, rubricatâ, punctis cyaneis pupillis viridibus induta. Mandibulis, palpis maxillaribus (extremitatibus exceptis), labio oculisque flavo-obscuris. Capite, rubris, cœruleis, viridibus coloribus, suffuso, vix rugato. Thorace longitudine latitudinis, rubescente basi et apice, viridi micante lateribus, sulcis duobus transversis, lineaque impresso. In basi coleopterorum depressione punctata, viridi, altera inferiùs ponè suturam, sutura violacea (elytris minute serratis apice, spina brevi suturali). Lateribus thoracis subtus violaceis, pectoreque cupreo micantibus, pilosis. Abdomine roseo. Pedibus viridibus. ♂.

Long. 10 $^{1}/_{2}$ mil. Lat. 4 $^{3}/_{4}$ mil. — Véra-Cruz?

Voisine de la *Cic. micans* de Fab. D'un brun gris, à fond rougeâtre, varié de vert et de bleu. *Tête* à peine ridée en dessus, offrant du rouge, du vert et du bleu : ces couleurs sont plus vives à sa partie antérieure, rebord des yeux aplati, d'un vert métallique. *Mandibules* fort longues, arquées, aiguës, jaunes, sommet et dents noirs, avec un peu de vert à leurs bases. *Lèvre* d'un jaune obscur, avancée, un peu inégale en devant, sans dents distinctes, droites sur le côté : six points munis chacun d'un poil. *Palpes* maxillaires verts, labiaux d'un jaune pâle, hérissés de poils blancs ; dernier article d'un vert brillant. *Chaperon* anguleux sur le milieu de la tête, surmonté d'une ligne bleue transverse, enfoncée. *Antennes* d'un brun terne, les quatre premiers articles d'un vert foncé brillant. *Yeux* d'un jaune obscur, à hachures fines; tête verte en dessous, à longues rides fines serrées et longitudinales. *Corselet* presque aussi large que haut, sommet droit; base un peu cintrée sur l'écusson, recourbée à chaque extrémité; leurs bords d'un rouge purpurin; côtés munis de poils blancs courts, verts, rebord arqué en dessous; il est en cet endroit d'un violacé très-éclatant. Les deux sillons transversaux assez profonds, éloignés de la base et du sommet, l'antérieur dirigé angulairement vers le centre, réuni à la ligne longitudinale, laquelle est peu impressionnée. *Ecusson* trianguliforme, aigu, bleu en avant, vert par le bas. *Elytres* de la largeur de la tête, y compris les yeux; trois fois aussi longues que le corselet, arrondies sur l'épaule, un peu plus étroites vers le sommet, coupées obliquement, lequel sommet est très-brièvement avancé sur la suture; petite épine; dépression sur le dedans de l'épaule, avec deux rangées de points bleuâtres, une autre ligne au-dessous, plus rapprochée de la suture que de la marge; le fond des étuis est de couleur de rouille, points bleus cerclés de vert, en forme de paillettes. *Epipleures* lisses, verts, étroits, sinueux et avancés à l'extrémité de la poitrine. Dessous du *Corps* couvert de poils blancs; côtés de la poitrine cuivreux et rouges; anus d'un jaune rosé. *Pattes* hérissées de poils blancs; cuisses d'un vert cuivreux, série de points en ligne sur leur longueur; jambes vertes, antérieures violacées; tarses longs, étroits, à peine dilatés dans le mâle, le troisième moitié moins long que le premier; deuxième et troisième ciliés intérieurement.

Unique. Prise par nos voyageurs à Tutepec.

(6e fascicule. Juin 1835.)

Pentamère. — Carabique.

13. CICINDELA, *Fab. Dej.*

CARBONARIA, *Chevrolat.*

Brevis, atra, holosericea, cærulea infrà. Labio, mandibulis (apice excepto) eburneis. Capite rugato (sulco occipitali). Thorace quadrato. Elytris inæqualibus, cavatis. Palpis nigris, in mare maxillaribus, articulo ultimo excepto, flavis.

Var. β. *In elytro puncto humerali flavo.*

Var. γ. *In elytro puncto minutissimo flavo ultrà medium ponè suturam;* ♂.

Var. δ. *Ut in var.* γ *punctoque submarginali in medio elytrorum.*

Var. ε. *In elytro puncto humerali, tribusque punctis triangulariter dispositis flavis. Duobus submarginalibus ultimo apice unoque suturali;* ♀. Cicindela lugens, *Klug*, Jahrbücher der Insectenkunde, p. 34.

Var. ξ. *In elytro puncto humerali, puncto submarginali medio, macula trigona suturali, lunulaque apicalis flavis.* ♀.

Long. 10 mil. Lat. 4 ¼—½ mil.

Semblable, quant à la forme, à la *C. rugifrons* de Dejean. Courte, d'un noir chatoyant en dessus, bleue en dessous. Le mâle a les élytres plus étroites et allongées. *Tête* inégale, à rides serrées longitudinales; aplatie et bleuâtre en devant, ayant quelquefois deux ou trois enfoncemens à sa partie supérieure; front convexe, sillonné au sommet, les côtés en dessous avancés, ridés, d'un beau bleu. *Lèvre* d'un jaune d'ivoire, droite dans le mâle, arquée sur les côtés dans la femelle, noirâtre sur le bord : trois dents avancées au milieu, six points munis chacun d'un poil, lesquels points sont plus espacés dans le mâle. *Mandibules* jaunes, le sommet, ainsi que la dernière dent, noirs. *Palpes* noirs, dans le mâle seulement les labiaux fauves, avec le dernier article d'un noir brun. *Chaperon* angulaire sur le milieu de la tête, dépression transversale en dessus. *Yeux* livides ou bruns, tiquetés de noir. *Corselet* court, carré, premier sillon transversal partant des angles antérieurs, angulaire; second sinueux, rapproché de la base, profond à la réunion de la ligne longitudinale, ainsi que sur les côtés; il est marginé faiblement, excepté en avant; dessus légèrement scabreux, dessous transversalement sinueux à la base, uni, bleu, couvert de quelques poils blancs. *Ecusson* triangulaire, rugueux, plus grand dans le mâle. *Elytres* de la largeur de la tête, y compris les yeux, arrondies sur le sommet de la marge, angulaires à l'extrémité de la suture; inégales, impressionnées de plusieurs points assez gros. Cuisses d'un noir bleuâtre, ayant dans leur longueur une série de points ; couvertes de quelques poils blancs ; jambes vertes, deux longues épines à leur sommet. Les trois tarses antérieurs du mâle longs, dilatés et velus d'un côté. *Poitrine* et *abdomen* bleus, à poils blancs, courts.

Variétés suivantes : 1re, élytres entièrement noires. 2e Un point jaune au-dessus de l'épaule, en dehors. 3e Noires, avec deux points jaunes près de la suture, au-delà du milieu. 4e Noires, avec un point huméral, un submarginal au milieu, et l'autre sutural, plus bas, tous jaunes. 5e Même disposition dans les points, mais ils sont plus obscurs, et celui près de la suture est trigone, allongé. 6e Point huméral, deux submarginaux et un le long de la suture, jaunes, ces trois derniers placés triangulairement. Cette variété est la *C. lugens* de Klug. 7e Point huméral, point submarginal presque réuni à celui de la suture, formant une bande oblique et lunule apicale entière jaunes.

Prise abondamment par nos voyageurs, pendant le mois d'août, en terre froide, à las Vigas, sur des chemins étroits.

Pentamère. — Carabique.

14. CICINDELA, *Fab. Ol. Dej.*

HEMICHRYSEA, *Chevrolat.*

Minuta; affinis Cic. Argentatæ, *Dej. Mandibulis, palpis (extremitatibus exceptis) labioque flavis. Capite longitudine, thorace latitudine, rugatis, scutelloque æreo-auratis. Thorace cylindrico, circuato basi et lateribus anticis, sulco longitudinali, haud integro. Elytris obscuris, cum apice brunneo-fuliginoso, pupillis viridibus cyaneisque indutis, puncto flavo ultrà medium. Corpore subtus viridi-cyaneo, abdomine cœruleo. Pedibus viridibus.*

Long. 8 1/2 mil. Lat. 2 3/4 mil.

Tête couleur d'airain, dorée, finement ridée, inégale en dessus; rebord des yeux brillant, avec point enfoncé. *Mandibules* longues, arquées, jaunes, sommet et dents noirs. *Palpes* fauves, dernier article d'un vert obscur. *Lèvre* d'un jaune foncé, étroite, droite sur les côtés et en avant, élevée au milieu. Six points munis chacun d'un poil, les quatre du centre plus rapprochés. *Chaperon* évasé anguleusement sur la tête, surmonté d'une ligne droite, légère. *Antennes* brunes, les cinq premiers articles d'un vert métallique; le troisième muni au sommet d'un poil intérieur, quatrième d'un poil extérieur. *Yeux* gonflés, arrondis, noirs, livides sur les bords et en arrière. *Corselet* cylindroïde, plus long que large, de la couleur de la tête, très-finement ridé en travers; ligne longitudinale verte, non entière; il est droit sur la base et à l'extrémité, qui ont toutes deux une ligne enfoncée. *Ecusson* triangulaire, doré. *Elytres* aussi larges que la tête, y compris les yeux, arrondies obliquement au sommet de la marge, presque angulaires sur le dedans de la suture, d'un brun noirâtre, fuligineuses au bout, parsemées de paillettes vertes et bleues, celles de la première couleur plus nombreuses: point ou tache arrondie, jaune au-delà du milieu, voisine de la suture. Dessous du *corps* d'un vert bleuâtre, couvert de poils blancs; abdomen d'un beau bleu. Cuisses d'un vert cuivreux, antérieures épaisses, hérissées de poils; jambes d'un vert obscur; tarses de même couleur; les trois premiers articles du mâle élargis, très longs, diminuant chacun de longueur, poilus et ciliés sur le côté, crochets allongés.

Unique. Du dernier envoi fait par nos voyageurs. Trouvée en terre froide, aux environs de Mexico, pendant le mois d'août.

(6e fascicule. Juin 1835.)

Pentamère. — Carabique.

15. CICINDELA, *Fab. Ol. Dej.*

INSPERSA, *Chevrolat.*

Valdè affinis Cic. hemichryseæ, *nobis. Mandibulis, palpis (extremitatibus exceptis) labioque fulvis. Capite thoraceque cupreo-aureis, longitudine et latitudine rugatis. Elytris obscuris, virescentibus, porosis, fascia transversali arcuata versus suturam et puncto infrà; flavo-rubidis. Corpore subtus albo-piloso, cyaneo. Pedibus viridibus, trochanteribus tibiisque fulvescentibus.*

Long. 8 mil. Lat. 3 $^1/_4$ mil.

Grandeur de la précédente, avec laquelle elle a de grands rapports. *Tête* dorée, finement ridée, élevée transversalement entre les yeux (deux points enfoncés sur leur rebord, qui est vert). *Mandibules* d'un jaune foncé, très-aiguës, extrémité et dents vertes. *Palpes* longs, d'un jaune foncé, dernier article vert. *Lèvre* jaunâtre, épaisse, abaissée sur les côtés, droite, sans dentelures, élevée au milieu, quelques poils (les points ordinaires sont à peine visibles). *Chaperon* angulaire sur la tête, faible ligne transverse en dessus. *Antennes* avec dépression à leur base, allant jusqu'au milieu des élytres, brunes; premier article renflé, cuivreux, un point au sommet; 2—5 verts; deuxième court; le troisième est le plus long de tous et a une fois et demie la longueur du quatrième. *Yeux* d'un jaune pâle, très-enflés, à hachures fines. *Corselet* de même couleur que la tête, cylindroïde, un peu plus gros au milieu, plus long que large, marginé et droit à la base, ainsi qu'au sommet, granulé à rides transverses fines; ligne longitudinale faible; le dessous est vert, uni, base et sommet étranglés, quelques rides le long des bords. *Ecusson* triangulaire, doré, vert en dessus et sur ses côtés. *Elytres* de la largeur de la tête, y compris les yeux, arrondies sur l'épaule, obliques sur le sommet, angulaires sur le dedans de la suture, obscures, mélangées de macules vertes; bande transverse, jaune, courbée, abaissée près de la suture, au-delà du milieu, petit point rond en dessous, de même couleur, au centre de chaque étui, en regard de l'angle marginal. Avec une forte loupe, on aperçoit, en dessus, à égale distance de la bande, un point jaunâtre. Dessous du *corps* bleu; côtés de la poitrine verts, poilus. *Pattes* à poils courts, blancs; les quatre cuisses antérieures épaisses, variées de couleurs métalliques, cuivreuses, vertes et bleues. Jambes et appendices d'un fauve couleur de poix; le sommet des cuisses postérieures avec un anneau de même couleur; d'un vert pâle métallique à l'extrémité, deux épines raides les terminent. Les trois premiers articles des tarses antérieurs, dans le mâle, longs, étroits, ciliés d'un côté, troisième moitié plus court que les antérieurs.

Voisine de la *Cic. Argentata* de Dejean. Unique. Envoi de Mme Sallé et de M. Vasselet.

(6e fascicule. Juin 1835.)

Pentamère. — Carabique.

4. LEBIA, *Lat. Dej.*

MACULARIA, *Chevrolat.*

Rufa. Antennis, palpis, genubus, tibiis et tarsis nigris. Elytris amplis, flavis, punctatis, cum numerosis maculis eodem colore. Thorace transverso, angulato reflexoque lateribus, linea longitudinali. Epipleuris flavis, latis.

Long. 10 1/2 mil. Lat. 6 1/2 mil.

Forme des *Lebia dorsalis* Dej. et *variabilis, nobis*. *Tête* lisse, large, aplatie, peu convexe sur le front, atténuée en col derrière les yeux; faible ligne transversale entre les antennes. *Mandibules* noirâtres, creusées sur le côté. *Palpes* de même couleur. *Lèvre* carrée, plane. *Chaperon* droit, ligne sur le côté. *Antennes* un peu plus longues que le corselet, noires, premier article fauve jusqu'à la moitié. *Yeux* latéraux, avancés, ronds, noirs au milieu, pâles à l'entour. *Corselet* transverse, anguleux avant le milieu sur les côtés, obliquement tronqué à sa partie postérieure, creusée et relevée en marge; ligne longitudinale fourchue sur chaque extrémité; il est un peu gibbeux et faiblement ridé sur le dos. *Ecusson* petit, triangulaire, rougeâtre. *Elytres* beaucoup plus larges que la tête et que le corselet, carrées, arrondies sur l'épaule, sinueuses près de l'écusson, tronquées obliquement sur le sommet de la suture, jaunes : sept nervules longitudinales traversées par d'autres nervules peu apparentes : une quarantaine de petites taches noires irrégulières, quelquefois doubles, deux sur la suture au-delà du milieu ont la forme d'un V renversé, tache humérale figurant un C, dont l'ouverture est à l'opposé de l'épaule. *Epipleures* larges, jaunes, sinueux le long du corps. *Pygidium* aplati, débordant les élytres, tronqué et relevé ; point noir au milieu. Dessous du *corps*, cuisses et crochets des tarses d'un jaune roussâtre ; le reste des pattes noir ; six segmens abdominaux, égaux, étroits.

M. de Laporte a formé, avec les insectes de cette division, un genre qu'il a nommé *Chelonodema*.

Unique. Trouvée par nos voyageurs sur des feuilles, en terre froide, à Orixaba, pendant le mois d'août.

(6e fascicule. Juin 1835.)

Pentamère. — Carabique.

5. LEBIA, *Lat. Dej.*

ANCHORA, *Chevrolat.*

Flava. Capite nigro, rugato. In elytris macula dorsali anchoræ formâ eodem colore. Antennis ultrà medium apice fuscescentibus. Thorace quadrato, transverso, sulcato lateribus. Elytris cum septem sulcis, interstitiis convexis, nervulis transversis.

Long. 5 mil. Lat. 2 ½ mil.

D'un jaune fauve. *Tête* noire, plane, arrondie sur le front, ridée longitudinalement, atténuée en col au-delà des yeux. *Lèvre* carrée, lisse. *Chaperon* droit. Dernier article des *palpes* obscur au centre. *Antennes* n'atteignant pas entièrement le milieu des élytres, jaunâtres, poilues, brunes à partir du cinquième article; cette couleur est plus claire à leur extrémité. *Yeux* latéraux, arrondis, blancs. *Corselet* de la largeur de la tête, y compris les yeux, transverse, carré, un peu arrondi sur les côtés antérieurs, creusé et relevé en marge, convexe, à rides longitudinales fines; ligne dorsale à peine distincte; base droite, coupée latéralement, légèrement avancée et tronquée sur l'écusson; angles postérieurs un peu relevés. *Ecusson* petit, élevé, triangulaire, fauve.

Elytres de la largeur de la tête, plus larges au sommet de la marge, arrondies sur le dehors de l'épaule, déprimées près de l'écusson, coupées obliquement, avancées sur la suture, fauves, sept sillons droits, à petites nervures transverses, figurant des enfoncemens carrés; interstices arrondis; marge à points distans, enfoncés, tache noire dorsale en forme d'ancre, carrée sous l'écusson, mince à la suture, transverse au-delà du milieu, élargie près des bords, sans toucher à la marge. *Epipleures* sinueux sur l'élytre, saillans, jaunes, ainsi que le dessous du *corps* et les *pattes*.

Unique. Prise par nos voyageurs, aux environs d'Orixaba.

Pentamère. — Carabique.

6. LEBIA, *Lat. Dej.*

BIPUNCTATA, *Chevrolat*

Flava. Capite, in elytris (striis octo) macula rotundata scutellari, puncto sub marginali infrà humerum, fasciaque subapicali lata, suturæ interrupta, cyaneis. Antennis, basi excepta, geniculis tibiisque nigris. Palpis, tarsis oculisque nigricantibus.

Long. 7 mil. Lat. 3 $^3/_4$ mil.

D'un jaune fauve. *Tête* d'un bleu très-éclatant, arrondie, lisse, ridée et impressionnée en avant; petit sillon le long des yeux. *Palpes* d'un noir clair couleur de poix, dernier article plus pâle au sommet. *Mandibules* noires, courbées par le bout, excavation conique sur le côté. *Lèvre* en carré transverse. *Chaperon* droit. *Antennes* atteignant le milieu des élytres, d'un brun noirâtre terne; les trois premiers articles et commencement du quatrième jaunes. *Yeux* livides, tiquetés de noir. *Corselet* transverse, de la largeur de la tête, y compris les yeux; coupé droit, resserré sur la base et tronqué, étroit, faiblement cintré en avant, arrondi sur les côtés antérieurs, creusé tout le long de la marge (celle-ci est relevée, mince), convexe sur le dos, à rides transverses peu apparentes ; ligne longitudinale faible. *Ecusson* triangulaire, jaune. *Elytres* en carré long, arrondies sur l'épaule, déprimées près de l'écusson, tronquées, avancées sur le sommet de la suture ; chaque étui avec huit stries à peine marquées, dans lesquelles on aperçoit de très-petits points. Tache scutellaire arrondie par le bas ; autre petite tache ronde, en forme de point, au-dessous de l'épaule, avoisinant les cinquième et dernière stries marginales ; tache posticale transverse, large, interrompue à la suture, limitée à la marge, toutes d'un beau bleu brillant. *Pygidium* avancé, rétréci et tronqué au sommet, fauve, noirâtre sous les élytres. Dessous du *corps*, *trocanters* et cuisses fauves ; genoux et jambes noirs ; les antérieures de ces dernières échancrées intérieurement ; dos des quatre postérieures sillonné ; tarses d'un noir cendré. Six segmens abdominaux.

Unique. Du dernier envoi de nos voyageurs. Trouvée aux environs de Mexico.

Pentamère. — Sternoxe.

1. STENOGASTER, *Sol. Ann. Soc. Ent. de Fr.* p. 305, 1833.

Agrilus, *Meg. Dej. Cat.* 2ᵉ, p. 81.

Buprestis, *F. Ol., Herbst.*

Palleolatus, *Chevrolat.*

Scabrosus, nigro-obscure metallicus. Capite bicornuto, sulcatissimo, in thorace cornu elevato. Elytris scabriusculis, punctatis cum fascia grisea ultrà medium, abdomine pilis brevibus albis tecto.

Long. 10 ½ mil. Lat. 3 mil. — Orixaba.

Grandeur du *B. sinuata* d'Ol. D'un noir obscur métallique. *Tête* profondément sillonnée, surtout en avant, bicornue, ponctuée. *Antennes* assez rapprochées à leur insertion, atteignant le milieu du corselet; les quatre premiers articles à peu près égaux, modérément allongés, cinquième triangulaire, suivans en un carré transverse, avancé d'un côté (dirigées en avant). *Yeux* jaunes, entourés de noir, latéraux, arrondis. *Corselet* plus large que haut, bisinueux à la base, arrondi et avancé sur les élytres, presque droit au sommet et tournant cylindriquement sur la tête, également arrondi sur les côtés, plus étroit près des yeux; deux côtes ou carènes latérales, sillon large et profond de chaque côté de la gibbosité dorsale, laquelle est couverte de points scabreux. *Ecusson* triangulaire. *Elytres* de la largeur du corselet, angulaires sur ce dernier, vers le milieu de la base, droites, un peu élargies avant l'extrémité et arrondies au sommet; elles sont aplaties, scabreuses, avec enfoncemens irréguliers: bande transverse au-delà du milieu, d'un gris métallique. *Pattes* métalliques, obscures; cuisses assez épaisses, aplaties, plus courtes que les jambes, les postérieures des dernières couvertes de petits poils épineux; les quatre premiers tarses égaux, pelotte sous le quatrième article; dernier plus long, quatre crochets par deux. Dessous du *corps* finement scabreux, pubescent. *Abdomen* d'un métallique moins obscur qu'en dessus, couvert d'un poil blanc très-court; quatre segmens; premier excessivement long; deuxième à quatrième n'ayant guère que le quart du précédent; dernier arrondi par le bout.

Mentonnière droite sous la bouche, limitée aux côtés à une saillie courte. Milieu des quatre pattes antérieures avec une pointe plate, arrondie.

Ce très-singulier insecte devra avoisiner le *Bup. Mucorea* de Klug.

Envoi de M. Alexandre Lesueur.

Pentamère. — Sternoxe.

2. STENOGASTER, *Sol. Ann. Soc. Ent. de Fr.* p. 305, 1833.

AGRILUS, *Meg. Dej. Cat.* 2e, p. 81.

BUPRESTIS, *F. Ol. Herbst.*

MOROSUS, *Chevrolat.*

Formæ Bup. Atomariæ, *Fab., sed minore; nigro-cæruleus, sub-nitidus. Capite sulcatissimo. Thorace sub-quadrato, transversali, sinuato basi, truncato in scutello, carinato et bisulcato lateribus. Elytris sub-punctatis, medio longitudine uni-costatis. Corpore pedibusque metallicis.*

Long. 9 ½ mil. Lat. 4 mil. — Orixaba.

Noir, bleuâtre en-dessus, cuivreux métallique obscur en-dessous. *Tête* profondément sillonnée en longueur, cuivreuse en avant, convexe sur chaque côté vertical. *Chaperon* cintré en devant. *Antennes* noirâtres, atteignant à peine le milieu du corselet, articles anguleux au sommet intérieur (dirigées en avant). *Yeux* jaunes, entourés de noir, arrondis, allongés, latéraux. *Corselet* en carré transverse, bisinueux à la base, avancé et tronqué sur l'écusson, droit en avant et entourant la tête en un cylindre aplati en-dessus, côtés arrondis; deux carênes, dont une latérale, celle interne sinueuse, profondément creusée de chaque côté ; élévation près du bord et en arrière des yeux ; sillon longitudinal large, peu profond. *Ecusson* parfaitement triangulaire, aigu. *Elytres* de la largeur du corselet dans sa plus grande étendue, arrondies et amincies à l'extrémité ; côte sur le milieu de chaque étui, saillante en arrière ; ponctuation distante, irrégulière, peu profonde. *Pattes* métalliques ; cuisses antérieures et jambes aplaties, égales en longueur, sommet des dernières arrondi obliquement. *Poitrine* ridée finement en travers. *Abdomen* lisse, brillant, finement ponctué, ayant par place des poils blancs très-courts ; cinq segmens : premier moins long que dans l'espèce précédente, soudé au milieu ; ils sont tous rebordés sur le côté et indiquent par le bas un commencement d'angle aigu.

Mentonnière droite au-dessous de la bouche, remontant sur les côtés, limitée à la saillie qui se dirige en dehors des appendices des pattes antérieures ; la base de cette pièce se prolonge au-delà des pattes de devant, elle est large et arrondie à l'extrémité.

Envoi de M. Alexandre Lesueur.

Pentamère. — Sternoxe.

3. STENOGASTER, *Sol. An. Soc. Ent. de Fr.* p. 305, 1833.

AGRILUS, Dej. Cat., 2e pag. 81.

BUPRESTIS, F. Ol. Herbst.

BITÆNIATUS, *Chevrolat.*

Viridi-obscurus, subtus æreo-metallicus, brevibus pilis indutus. Capite thoraceque longitudine sulcatis. Elytris cum fasciis duabus cinereis versus apicem, dentatis extremitate, uni-costatis in medio coleoptero.

Long. 10 mil. Lat. 2 3/4 mil.

Voisin de notre *morosus*, plus petit, d'un vert métallique sombre, d'un bronzé obscur en dessous. *Tête* arrondie, très-profondément sillonnée depuis la base des antennes. *Chaperon* carré, ayant deux crochets en avant, minces, recourbés. *Antennes* dépassant le milieu du corselet, insérées dans une cavité, les quatre premiers articles égaux, suivans triangulaires ou avancés d'un seul côté. *Yeux* d'un jaune obscur. *Corselet* aplati, abaissé et arrondi sur les côtés, un peu plus large que haut, bisinueux à la base, tronqué audessus de l'écusson, presque droit au sommet, avancé sur les yeux, comprimé sur le bord, deux sillons et ligne flexueuse au centre près de la carène latérale, un petit tubercule près du bord et en arrière des yeux, sillon longitudinal large, peu profond. *Ecusson* parfaitement triangulaire. *Elytres* de la largeur du corselet, aplaties, longues, amincies à l'extrémité, d'un métallique brillant à cet endroit et armées de petites dents; côte longitudinale sur chaque étui; deux bandes grises, transverses avant le sommet, marge rebordée, fossette allongée à la base, sur le dedans de la côte, ponctuation irrégulière, peu enfoncée. *Pattes* et dessous du *corps* d'un bronzé métallique, couverts de poils gris, ras; dos des jambes postérieures à poils ciliés, aussi longues que les cuisses avec les trocanters; cinq segmens abdominaux diminuant tous de longueur jusqu'au dernier; premier très-long, soudé au milieu avec le deuxième; les quatre premiers avec un rebord cuivreux.

Mentonnière droite sous la bouche, prolongée jusqu'au milieu des quatre pattes antérieures, velue, arrondie par le bas.

Unique. Envoi de nos voyageurs. Prise en terre froide, pendant le mois d'août, aux environs de Mexico.

Pentamère. — Sternoxe.

4. STENOGASTER, *Solier An. Soc. Ent. Fr.*, p. 305, 1833.

AGRILUS, *Dej. Cat.* 2e, p. 81.

BUPRESTIS, *F. Ol. Herbst.*

ANGUSTUS, *Chevrolat.*

Viridi-obscurus, punctulato-granosus, capite sulcato. Thorace subquadrato, bisinuato basi, angulis posticis acutis, cum costa superiori. Elytris angustatis versus apicem, dentatis et extremitate rotundatis; singulo coleoptero cum quatuor notulis albis (tribus pone suturam et una sub-marginali in medio).

Caput in mare antice truncatum, depressum; corpus subtus nitidior et angustior; caput in femina convexius, magnum.

Long. 7 ¾—8 mil. Lat. 2—3 ½ mil. — Alvarado.

Grandeur du *Bup. cyanea* d'Ol., mais beaucoup plus étroit, surtout vers le bout, d'un vert foncé. *Tête* déprimée en avant, tronquée, ponctuée, sillonnée longitudinalement, plus grosse, convexe et obscure dans la femelle, et ayant trois enfoncemens à sa partie antérieure. *Chaperon* presque droit en avant, en demi-lune dans la femelle. *Antennes* atteignant la base du corselet, un peu plus longues dans le mâle, les trois premiers articles minces (le deuxième est un peu plus long), troisième et quatrième de forme triangulaire, neuvième à onzième renflés au bout et avancés sur un seul côté. *Yeux* oblongs, arrondis, jaunes. *Corselet* carré, transverse, anguleux sur le dedans à la base, avancé et tronqué sur l'écusson, droit en avant; angles antérieurs prolongés sous les yeux; côtés droits, abaissés, sillonnés près de la marge, carène double, un pli sur le dessus des angles postérieurs, lesquels angles sont avancés et droits sur la marge latérale; deux dépressions profondes sur le milieu du dos, à chaque extrémité. *Ecusson* étroit, transverse. *Elytres* de la largeur du corselet, diminuant faiblement au sommet, arrondies et dentées sur le bout, avancées angulairement à la base, sur le corselet; granuleusement ponctuées; côte longitudinale sur le milieu de chaque étui: quatre petites taches blanches, trois près de la suture, première au quart de leur longueur, deuxième au-delà du milieu, troisième près de l'extrémité et quatrième au centre de la marge à la côte. Dessous du *corps* et *pattes* pointillés, d'un métallique plus brillant et rétréci davantage dans le mâle; cuisses assez grosses, unies, égales aux jambes pour la longueur; le dos des postérieures cilié de poils noirs; quatre segmens abdominaux; premier fort long, paraissant former au milieu un segment soudé, déprimé à la base pour faciliter le mouvement des pattes. Premier article des tarses des pattes médianes plus allongé dans le mâle, tandis que le premier de celles postérieures est plus long dans la femelle.

Pris en petit nombre par nos voyageurs. Devra se placer près du *Buprestis spinosa* de Klug, qui appartient également à ce genre.

(6e fascicule. Juin 1835.)

Pentamère. — Sternoxe.

5. STENOGASTER, *Solier An. Soc. Ent. Fr.* p. 305, 1833.

AGRILUS, *Dej. Cat.* 2e, p. 81.

BUPRESTIS, *F. Ol. Herbst.*

INCERTUS, *Chevrolat.*

Nigro-encaustus; affinis St. Angusto, *nobis, sed obesior. Capite viridi, punctato, longitudine sulcato, antice depresso. Thorace sub-quadrato, angulosè sinuato et emarginato in medio basi, sulcato lateribùs, cum costa curvata. Scutello rotundato, aculeato apice. Elytris (spinulosis extremitate) et abdomine cum plurimis notulis albis. Corpore subtus nigro-cyanescenti, granuloso. Pedibus viridibus.*

Long. 8 mil. Lat. 2 ½ mil.

D'un noir vernissé, abdomen et élytres marqués de petites guttules blanches, dont deux sur les dernières, plus grandes, près de la suture, entre le milieu de la moitié et l'extrémité. *Tête* verte, noire sur le front, ponctuée, sillonnée, déprimée à la partie antérieure, offrant quatre enfoncemens. *Chaperon* vert, faiblement cintré sur le milieu, côtés aigus, recourbés. *Antennes* un peu plus longues que la tête, d'un vert métallique, en scie à partir du quatrième article. *Yeux* étroits, arrondis, appuyés au bord du corselet, d'un jaune blanc. *Corselet* pointillé, à rides éloignées, peu apparentes; carré, un peu plus large que haut, uni, incliné sur ses bords, sinué angulairement sur chaque côté de la base, échancré sur l'écusson, droit au sommet, angles rebordés, avancés sous les yeux; deux carènes latérales profondément creusées près de la marge avec petit pli arqué au-delà de l'angle postérieur. *Ecusson* arrondi, transverse, aigu par le bas. *Elytres* à ponctuation espacée, légèrement scabreuses, de la largeur du corselet, trois fois et demie au moins aussi longues, rétrécies vers le sommet, arrondies, armées à l'extrémité de petites épines allongées; dépression en forme de stigmate au-dessous de la base, côte longitudinale sur le milieu de chaque étui, peu évidente; suture et marge bordées. Dessous du *corps* d'un noir bleuâtre, finement granuleux, quatre segmens abdominaux, premier très-long, paraissant en former un second, qui serait soudé sur le milieu du ventre, toujours déprimé au-dessus des cuisses, chacun avec un point blanc au-dessous du bord latéral. *Pattes* vertes; cuisses épaisses, dentées en dessous, poil long partant des dents; quatre tarses avec pelotte en lamelle; crochets doubles.

Mentonnière avancée, arrondie sous la bouche, étranglée transversalement au-delà, pli latéral rétréci triangulairement vers le bas; elle se termine entre les pattes médianes et un prolongement aplati.

Unique. Du même envoi que l'*Angustus*, avec lequel il se trouvait confondu.

(6e fascicule. Juin 1835.)

Pentamère. — Sternoxe.

2. AGRILUS, *Meg. Sol. An. Soc. Ent. Fr.*, p. 304, 1833.

Idem. Dej. Cat. 2e, p. 81.

BUPRESTIS, *F. Ol. Herbst.*

SULCATULUS, *Dej. (ineditus) Cat.*, p. 82.

Viridis, punctulatus, cupreus infrà, pilis brevissimis albis indutus. Capite sulcato longitudine. Thorace sub-quadrato, transversali, producto et truncato basi, bicarinato rotundatoque antice lateribus, foveato margine, carinula obliqua suprà angulum posteriorem. Elytris granulatis, quadricostatis, apice angustatis et aculeatis in margine.

Long. 12 mil. Lat. 3 ¼ mil.

Assez rapproché de notre *Ag. furcillatus;* couleur vert de gris en dessus, cuivreux pâle en dessous; ponctuation avec poils ras, blancs. *Tête* large, ponctuée, étroitement sillonnée. *Chaperon* vert, doré, échancré, aigu et recourbé sur chaque côté, étroit en arrière. *Antennes* atteignant le milieu du corselet, articles faiblement en scie, à partir du quatrième. *Yeux* appuyés sur le bord du corselet, oblongs, obscurs, entourés de jaune. *Corselet* ponctué, avancé sur les élytres et tronqué sur l'écusson, aussi haut que large à cette partie, droit au sommet, angles avancés sous les yeux; arrondi aux côtés antérieurs, bicaréné, petite côte oblique sur l'angle postérieur, dépression large, profonde près de la marge, autre dépression le long de la côte. *Ecusson* cordiforme, lisse. *Elytres* granuleuses, de la largeur du corselet, quatre fois aussi longues, rétrécies vers le bout, terminées à la marge par une pointe aiguë, échancrées obliquement sur le dedans de la suture : deux côtes sur chaque étui : celle du milieu élevée, droite; deuxième courte, placée entre celle-ci et la suture, creusée le long de cette dernière; épaule ayant en dessous une petite ligne oblique; marge d'un vert doré. Dessous du *corps* et *pattes* finement pointillés et ponctués; quatre segmens abdominaux, premier fort long, avancé en pointe sur la poitrine, figurant au milieu sur les côtés un deuxième segment soudé au centre. Cuisses grosses et larges, égales aux jambes; le quatrième article des tarses est seulement en lamelle en dessous; quatre crochets, les internes plus courts.

Mentonnière avancée sur la bouche, inclinée, étranglée transversalement, lisse, pointe arrondie, plane, limitée sur le milieu des pattes médianes.

Cette espèce m'a été cédée par M. Hypolite Gory; elle vient des environs de Mexico.

(6e fascicule. Juin 1835.)

Pentamère. — Sternoxe.

3, AGRILUS, *Meg. Solier, An. de la Soc. Ent. de Fr.*, p. 304, 1833.

Idem, Dej. Cat. 2e, p. 81.

BUPRESTIS, *F. Ol. Schr.*

TÆNIATUS, *Chevrolat.*

Affinis Bup. derosofasciatæ, *Ziegl. Cinereo-albidus. Capite, antennis pedibusque viridibus (sulco frontali). Thorace rugato latitudine. Elytris cum fascia nigricante ultrà medium, apice serratulis. Corpore subtus cupreo-viridi.*

Long. 4 ½ mil. Lat. 1 ½ mil. — Alvarado.

Tête aplatie en devant, arrondie sur le front et sillonnéee, ponctuée en avant, ridée longitudinalement; d'un beau vert; les cinq premiers articles des antennes verts, suivans de couleur noirâtre. *Yeux* arrondis, latéraux, étroits sur les côtés, blancs. *Corselet* d'un métallique obscur, carré, guère plus large que la tête, y compris les yeux, base presque droite, faiblement cintrée sur les élytres, droit en dessus au sommet, angles avancés sur les yeux, un peu élargis aux côtés, carène latérale inclinée, formant sur la base un pli anguleux très-rapproché, avec cavité interne; il est ridé en travers, sillonné longitudinalement. *Ecusson* transverse, étroit. *Elytres* d'un blanc grisâtre, un peu plus larges que le corselet à sa base, à peine élargi et au-delà du milieu avec bande transverse noirâtre ; le sommet est arrondi et dentelé. Dessous du *Corps* pointillé, à rides fines, serrées, d'un métallique verdâtre. *Pattes* d'un vert plus clair, quatre segmens distincts.

Unique. Envoi de M. Vasselet, Mme Sallé et son fils.

Je le placerai à côté du *Derasofasciatus*, de Ziegler.

(6e fascicule. Juin 1835.)

Pentamère. — Sternoxe.

4. AGRILUS, *Meg. Solier, An. Soc. Ent. Fr.* p. 304, 1833.

Idem. Dej. Cat. 2e, p. 81.

BUPRESTIS, Fab. Ol. Herbst.

ATRIPENNIS, *Chevrolat.*

Scabriusculus, affinis Bup. ruficolli, *Fab., sed longior et angustior. Capite, thoraceque rugatis cum pedibus et corpore subtus cupreis vel rubro-cupreis. Thorace longiore latitudine. Scutello transversali. Elytris nigris, apice serratis.*

Long. 7 ½ mil. Lat. 2 mil.

Tête très-fortement ponctuée et rugueuse, verte, ainsi que les antennes; plus courtes que le corselet et obscures à leur sommet. *Chaperon* légèrement évasé, resserré en arrière. *Yeux* d'un fauve obscur, tiquetés de noir, appuyés sur le bord du thorax. *Corselet* un peu plus long que large, avancé sur les élytres, tronqué, de la largeur de l'écusson, entourant cylindriquement la tête, avancé en dessous au milieu, côtés faiblement arrondis; il est d'un rouge brillant doré, très-ridé en travers. *Ecusson* transversal; d'un rouge obscur. *Elytres* de la largeur du corselet, longues, étroites, noires, arrondies et dentelées à l'extrémité; suture élevée; couvertes de petites écailles saillantes, plates, ce qui les fait paraître scabreuses. Tout le dessous du *corps* et *pattes* à ponctuation serrée, assez forte, verts, ainsi que le dessus de l'abdomen; dos des pattes à petits poils noirs, ciliés; quatre segmens abdominaux, premier excessivement long.

Trouvé par nos voyageurs, en terre chaude, près de Mexico, pendant le mois de juin. Devra se placer près du *Ruficollis* de Fabricius.

Pentamère. — Sternoxe.

5. AGRILUS, *Meg. Sol. Ann. Soc. Ent. Fr.* p. 304, 1833.

Idem Dej. Cat. 2e, p. 81.

BUPRESTIS, F. Ol. Herbst.

CERINOGUTTATUS, *Chevrolat.*

Squamoso-granulatus, obscure-metallicus, nitidior et punctatus infrà. Capite, in elytris sex guttulis suturalibus, pectore lateribus, in abdomine maculis cerinis, vel flavo-aureis. Thorace sub-quadrato medio et margine sulcato, rugato latitudine, bisinuato basi. Scutello transversali.

Long. 7 3/4 mil. Lat. 2 mil.

Grandeur du *Bup. cyanea* d'Ol. *Tête* dorée, arrondie, à peine sillonnée longitudinalement, très-fortement ponctuée. *Chaperon* recourbé et aigu sur chaque côté, étroit entre les antennes. *Antennes* d'un métallique obscur, n'atteignant pas entièrement le milieu du corselet. *Yeux* étroits, jaunes, entourés de noir. *Corselet* d'un métallique sombre; aussi haut que large, très-sinueux à la base, tronqué sur l'écusson, droit en avant; côtés jaunâtres, légèrement arrondis, creusés largement près du bord; carène latérale abaissée en devant; petite côte arquée partant du milieu de la marge, terminée sur l'angle postérieur, autre pli en dessus peu apparent; sillon longitudinal plus profond en arrière; ridé transversalement. *Ecusson* étroit, transverse. *Elytres* d'un métallique obscur, granuleuses, figurant de petites écailles serrées; de la largeur du corselet, trois fois aussi longues, élargies au-delà du milieu, à peine dentelées sur le sommet, le bout de la suture est étroitement échancré, avancé peu après; anguliformes sur le corselet, avant le milieu de la base, creusées le long de la suture: sur chaque étui, près de cette dernière, trois taches arrondies d'un jaune doré, première près de l'écusson, deuxième au cinquième de leur longueur, en partant de l'extrémité, troisième au-delà du milieu. Dessous du *corps* et *pattes* d'un cuivreux métallique beaucoup plus clair qu'en dessus. Poitrine jaune sur les côtés, premier segment de l'abdomen fort long, déprimé profondément au-dessous des cuisses et facilitant sans doute leurs mouvemens; autre dépression plus petite, rapprochée du centre, tache jaune au-delà du milieu, entre l'élytre et son bord, visible en dessus du corps; les deuxième, troisième et quatrième marqués sur chaque côté d'une petite tache d'un jaune grisâtre. Abdomen cylindroïde.

La mentonnière est arrondie sur le devant; étranglée transversalement, son sommet finit carrément entre les pattes médianes.

Unique. Envoi de nos voyageurs. Trouvé en terre chaude, pendant le mois de juin, aux environs de Mexico.

(6e fascicule. Juin 1835.)

Pentamère. — Sternoxe.

6. AGRILUS, *Meg. Sol. Ann. Soc. Ent. de Fr.* p. 304, 1833.

Idem Dej. Cat. 2e, p. 81.

CHALCODERES, *Chevrolat.*

Statura Bup. viridis, *Fab. Capite viridi-obscuro, longitudine sulcato. Thorace auri-cupreo, longiore latitudine, bisinuato et truncato in medio basi, rugato transversè, depresso lateribus. Elytris sub-granulatis, nigris. Corpore subtus metallico-obscuro.*

Long. 6 mil. Lat. 1 3/4 mil.

Tête d'un vert foncé, convexe; sillon plus profond à l'occiput; enfoncemens ponctiformes à faibles rides longitudinales. *Antennes* dépassant le milieu du corselet, premier article d'un vert mat assez brillant. *Yeux* ovalaires, appuyés au bord du corselet, jaunes, pâles, à hâchures fines. *Corselet* d'un métallique doré, une fois et demie aussi long que large, base bisinueuse, tronquée sur l'écusson; droit en avant, renflé sur le bord antérieur et jusqu'au milieu du dos, déprimé profondément sur le côté, et d'un cuivreux argenté, carène latérale inclinée sur le devant, petit pli partant du milieu terminé avant le sommet de l'angle postérieur; il est faiblement ridé en travers. *Ecusson* étroit, transverse, noir. *Elytres* d'un noir mat, trois fois plus longues que le corselet, de sa largeur à leur base, un peu rétrécies avant le milieu, arrondies sur l'extrémité; cette partie est munie de petites dents éloignées, peu saillantes; suture relevée, creusée tout le long; granulation fine, serrée, moins prononcée vers leur sommet. *Pattes* et dessous du *corps* d'un métallique obscur; ponctués granuleusement; cuisses postérieures brillantes, assez épaisses, dépassant les côtés du corps; premier segment de l'abdomen creusé au-dessous des cuisses, très-long, deuxième et troisième moitié plus courts, quatrième un peu plus long que les précédens.

Les côtés en dessus, entre l'échancrure de l'élytre et le bord de l'abdomen, sont d'un cuivreux pâle argenté.

Unique. Envoi de nos voyageurs. Trouvé en terre chaude, pendant le mois de juin, aux environs de Mexico.

(6e fascicule. Juin 1835.)

Pentamère. — Sternoxe.

7. AGRILUS, *Meg. Solier, Ann. Soc. Ent. de Fr.* p. 304, 1833.

Idem Dej. Cat. 2e, p. 81.

BUPRESTIS, Fab. Ol.

BASALIS, *Chevrolat.*

Minutus, punctato-granulatus, obscure-metallicus infrà. Capite convexo rugato (sulco longitudinali) et thorace rubro-floridis suffuris. Basi thoracis, elytrorum et fere dimidio anteriore marginis viridibus; coleopteris cœterum pulvere cinereo-tectis, apice serratulis.

Long. 5 mil. Lat. 1 ½ mil. — Alvarado.

Ce joli insecte est un peu moins grand que le *Bup. viridis* de Fab. *Tête* d'un rouge grenat très-vif, ridée en travers, sillon allant jusqu'au sommet du front; partie de la bouche, antennes, avec le centre de leur base, verts. *Chaperon* échancré en demi-lune. *Yeux* jaunes, gros, latéraux. *Corselet* aussi haut que large, bisinueux à la base (longuement et très-peu cintré sur les élytres), sommet et côtés presque droits, deux carènes latérales contiguës, inclinées sur le devant, avec sillon entre elles (angle postérieur rectangulaire sur le côté, avancé sur l'élytre); il est transversalement ridé, du même rouge que la tête; base assez large et d'un beau vert brillant. *Ecusson* d'un vert foncé, transverse, aigu par le bas. *Elytres* de la largeur du corselet, droites, élargies au-delà du milieu, arrondies et très-finement dentées à leur extrémité, leur moitié antérieure, excepté la suture au-dessous de l'écusson, verte, granuleuse. Le reste est d'un gris pulvérulent; épaule un peu avancée et aiguë en dessus. *Pattes* lisses. *Poitrine* et dessous du corselet finement ridés et pointillés. *Abdomen* ponctué, quatre segmens, premier très-déprimé sur le côté, suivans plus étroitement et d'une manière moins profonde. Les ailes sont d'un violet très-éclatant.

Trois exemplaires seulement ont été envoyés par nos voyageurs.

(6e fascicule. Juin 1835.)

Pentamère. — Sternoxe.

1. APHANISTICUS, *Lat. Solier.*

BUPRESTIS, Fab. Ol.

IMPRESSUS, *Chevrolat.*

Angustus, statura Bup. viridi, *Fab. Capite gibbo, vagè punctato, cum thorace suprà æneo-nitido-metallicis. Thorace longiore latitudine, bisinuato, emarginato. In scutello valdè impresso basi lateribusque. Elytris cyaneo-atris, corpore subtus pedibusque nigris, punctatis.*

Long. 6 mil. Lat. 1 3/4 mil. — Alvarado.

Tête d'un cuivreux doré, très-convexe, surtout sur le front; sillon longitudinal enfoncé; ponctuation épaisse, peu profonde. *Chaperon* noirâtre, échancré angulairement au milieu, avancé en pointe sur chaque côté, rétréci en arrière. *Antennes* rapprochées, un peu plus longues que la tête; les deux premiers articles renflés, égaux; troisième à cinquième modérément allongés; sixième triangulaire; septième et suivans resserrés, dentés intérieurement. *Yeux* étroits, arrondis, obscurs, à hachures fines. *Corselet* de la couleur de la tête, plus long que large, bisinueux, marginé, creusé transversalement à la base; trois dépressions en dessus, avancé et fendu sur l'écusson, droit et gibbeux en avant, côtés antétérieurs arrondis, avancés faiblement au-delà du milieu; carène inclinée, arquée en arrière, figurant une sorte de bourrelet près du bord, dépression profonde près des angles antérieurs; il est à peine ridé en travers. *Ecusson* rond, métallique, obscur, déprimé. *Elytres* étroites, d'un bleu noirâtre, de la largeur du corselet, trois fois et demie aussi longues, arrondies à l'extrémité, scabreuses, sillonnées le long de la suture, carène droite, partant de l'épaule; échancrées en s'arrondissant en dessous sur la marge. *Corps* et *pattes* d'un noir lisse brillant; ponctuation distincte, espacée. Quatre segmens abdominaux, premier fort long, paraissant offrir au milieu un segment soudé.

Mentonnière droite sous la bouche, rebordée, étranglée transversalement, terminée sur le milieu des pattes médianes, par une avance aplatie et arrondie.

Unique. Du premier envoi de nos voyageurs.

(6e fascicule. Juin 1835.)

Pentamère. — Sternoxe.

2. APHANISTICUS, *Lat. Solier, Dej. Cat.* 2e.

EXIGUUS, *Chevrolat.*

Angustus, nigro-piceus, nitidus, transversè rugosus suprà. Capite punctato, valdè convexo, sulco longitudinali profundo. Thorace longiore latitudine, bisinuato, basi, in scutello truncato, sinuato lateribus, foveato ponè marginem et basin. Elytris in medio attenuatis, sinuosis, marginatis, carinula humerali cavata infrà.

Long. 3 ½ mil. Lat. 1 mil.

Cet insecte me paraît devoir former un genre qui se rapprocherait beaucoup des *Aphanisticus,* quoiqu'il ait, à la première vue, la tournure d'un *Agrilus*. *Tête* ponctuée, très-arrondie sur le sommet, fortement sillonnée en longueur, excepté en avant, convexe sur chaque extrémité du front. *Lèvre* transverse, la partie qui se trouve entre l'insertion des antennes est creusée et rebordée; celles-ci sont logées dans une rainure, située sur le bord du corselet et qui n'atteint pas entièrement la base. *Yeux* ronds, latéraux, un peu plus rapprochés en dessous qu'en dessus, légèrement convexes, peu saillans, noirs, à hachures distinctes. *Corselet* plus long que large, bisinué à la base, avancé sur l'épaule et l'écusson, tronqué sur ce dernier, droit en avant, entourant cylindriquement la tête, plus large au milieu, marge rebordée, abaissée sur la tête, sinueuse, dépression latérale très-profonde, réunie à une autre dépression basale, dessus avec des plis ou rides transverses. *Ecusson* étroit, élevé, aigu. *Elytres* de la largeur du corselet, quatre fois aussi longues, sinuées sur le dedans, vers le milieu, élargies ensuite, arrondies sur chaque extrémité et légèrement aplaties; marge et suture rebordées, carène humérale courte, creusée en dessous; la suture est étroitement sillonnée dans sa longueur, rides ou plis granuleux transverses, quelquefois entiers. Dessous du *corps* noir, terne; poitrine couverte de quelques points éloignés assez gros, quatre segmens abdominaux, premier excessivement long, à points scabreux. *Pattes* noirâtres, lisses; jambes plus longues que les cuisses. L'organe sexuel du mâle est étroit et avancé et ressemble à une tarrière de Mordelle.

Mentonnière droite, non saillante sur la bouche, faiblement étranglée en dessous, terminée sur la base des pattes (lesquelles sont très-rapprochées à leur insertion) en une pointe conique, carénée sur les côtés.

(6ᵉ fascicule. Juin 1835.)

Pentamère. — Malacoderme, Lat.

2. LYCUS, *Fab. Ol. Sch.*

SCHŒNHERRI, *Chevrolat.*

Affinis Lyc. rostrato, *Fab. Proboscideus, niger. Thorace suprà et infrà, tantum lateribus flavo, vitta longitudinali nigra. Elytris flavis cum quinta parte apicali nigra, in mare magis rotundatis, dilatatis. Marginibus abdominis ultimisque segmentibus medio flavis.*

Long. ♂ 13 ♀ 12 1/2 mil. Lat. ♂ 8 1/2 ♀ 7 mil.

Noir, assez semblable au *Lyc. rostratus* de Fab. *Tête* petite, déprimée sur le front; rostre de la longueur des trois premiers articles des antennes, aminci jusqu'à l'extrémité, noir, ainsi que les *palpes* et les *yeux*. *Antennes* de même couleur, aplaties, n'atteignant pas tout-à-fait le milieu des élytres; premier article court, du double plus grand dans la femelle; deuxième très-petit, transverse; troisième aussi long à lui seul que les quatrième à sixième, un peu plus allongé dans le mâle, suivans anguleux au sommet, de forme carrée dans la femelle. *Corselet* d'un jaune fauve, sur les côtés, en dessus et en dessous, arrondi latéralement, aussi large à la base que haut, échancré en toît sur la tête, caréné et sillonné au milieu, côtés minces, élevés, inclinés; ligne longitudinale noire, ayant le tiers de sa largeur; angles postérieurs faiblement recourbés sur la carène humérale, canaliculés en dessus. *Ecusson* large, transverse, noirâtre, aigu et tronqué par le bout. *Elytres* de la largeur du corselet, à l'épaule très-dilatées, arrondies sur la marge, moins sur la suture, allongées dans la femelle, faiblement élargies depuis le tiers de la base jusqu'au tiers apical; sept côtes longitudinales droites dont quatre assez saillantes, quelques nervures transverses; le cinquième de leur extrémité noir, coupé presque droit en avant. Dessous du *corps* noir; côtés des derniers segmens de l'abdomen avec les deux terminaux et crochets des tarses rougeâtres. *Pattes* aplaties; cuisses creusées dans leur longueur; jambes arquées au-dessous des genoux, beaucoup moins que dans notre *Lyc. loripes*.

Le mâle a les côtés de l'abdomen anguleux, avancé vers le bout, il est fortement caréné au milieu; dans la femelle ils sont moins dilatés et aigus; le pénultième avec élévation conique.

Je dédie cette espèce à l'illustre Entomologiste suédois, auteur de la *Synonymie des Coléoptères*, qui comprend une monographie de ce genre, accompagnée de planches.

L'on avait pensé, jusqu'à ce jour, que les *Lycus* à becs minces, ayant le troisième article des antennes fort long et les élytres arrondies et dilatées dans le mâle, étaient propres à l'Afrique et aux Indes; plusieurs espèces du Mexique prouvent le contraire.

(6e fascicule. Juin 1835.)

Pentamère. — *Malacoderme, Lat.*

3. LYCUS, *Fab. Ol. Schœnh.*

LORIPES, *Chevrolat.*

Proboscideus, flavo-rubidus. Palpis, oculis, antennis (tribus primis articulis exceptis), tibiis tarsisque nigris (in mare apice quatuor tibiarum anticarum flavo). Thorace late reflexo lateribus, sub-quadrato, latiore basi, angulis posticis acutis. Elytra de tertia parte ad apicem dilatatis, octo-costatis, in femina elongatis.

Long. ♀ 10 ♂ 12 mil. Lat. ♀ 5 ½ ♂ 6 ½ mil.

D'un jaune rougeâtre. *Tête* déprimée, entièrement recouverte par le corselet. *Rostre* droit, aminci, de la longueur du troisième article des antennes. *Palpes* noirs. *Antennes* noires, aplaties, un peu angulaires au sommet interne (dirigées en avant), à partir du 3–9es; les trois premiers fauves, deuxième transverse, petit; troisième aussi long que les trois suivans. *Corselet* abaissé sur le devant, presque carré, beaucoup plus large que haut à sa base, échancré en cintre sur la tête, vu de face, gibbeux en arrière du bord, presque droit sur les élytres, cependant un peu sinueux, arqué près des angles; ceux-ci très-aigus, côtés transparens, larges, élevés, sinueux, ligne dorsale canaliculée. *Ecusson* sillonné, tronqué, plus long dans la femelle. *Elytres* de la largeur du corselet au-dessous de l'épaule, dilatées au-delà du milieu dans le mâle, allongées dans la femelle, quatre nervures peu saillantes, droites; interstices ponctués ruguleusement; elles sont arrondies au sommet extérieur, moins sur la suture. *Epipleures* larges à leur base, inclinés. Trocanters et cuisses jaunes; le mâle a le milieu des dernières noirâtre, et le sommet des quatre jambes antérieures chez le mâle est jaune, avec le reste et tous les tarses noirs. Les cuisses sont larges, aplaties, très-sillonnées; les jambes, sous les genoux, sont subitement courbées. Les articles des tarses sont petits, le cinquième est le plus grand; crochets rougeâtres.

L'*abdomen* est aplati, composé de sept segmens dans le mâle et de huit dans la femelle; il est très-caréné longitudinalement chez la dernière, et dans les deux sexes ils s'avancent en angle tronqué par le bas et diminuent de grandeur en se rapprochant de l'extrémité.

Un accouplement a été pris par Mme Sallé, en terre chaude, à deux lieues del Puente National, pendant le mois de juin.

(7e fascicule. Juillet 1835.)

Pentamère. — Malacoderme, Lat.

4. LYCUS. *F. Ol. Schr.*

LINEICOLLIS, *Chevrolat.*

Niger, elongatus. Rostrum breve, crassum. Thorace sub-quadrato, reflexo lateribus, vitta longitudinali nigra, rubro lateribus et infrà; elytris eodem colore, longissimis, multicostatis, interstitiis cum costulis transversalibus.

Long. 13 $^1/_2$ mil Lat. 6 mil.

Dessous du corps, antennes, pattes, ligne longitudinale sur le corselet, ayant le tiers de la largeur du dernier et écusson noirs. Corselet sur les côtés et en dessous, ainsi que les élytres d'un rouge rosé. *Tête* très-déprimée sur le front, rostre court, épais. *Antennes* aplaties, rapprochées à leur insertion, premier article renflé, deuxième très-petit, transverse, troisième du double du premier, quatrième et suivans plus courts que le précédent, en carré long. *Yeux* ronds. *Corselet* carré, transverse, presque droit, relevé à la base, avancé légèrement sur l'écusson, arqué sur les angles, droit en avant, ayant la forme d'un faîte de toit, vu de face; côtés très-élevés, minces, inclinés, enfoncement longitudinal non entier. *Ecusson* noir, long, sillonné, fourchu. *Elytres* un peu plus larges à l'épaule qu'à la base du corselet, allongées, élargies, arrondies sur chaque extrémité, chaque étui avec neuf nervures droites plus ou moins saillantes, interstices à côtes transverses, marge et suture rebordées, cuisses plus longues que les jambes, creusées en longueur. *Abdomen* étroit, de six segmens.

Envoyé par nos voyageurs comme étant des environs de Mexico. Trouvé en terre froide pendant le mois d'août.

(7e fascicule. Juillet 1835.)

Tétramère. (Pentamère, Térédile, Lat.)

1. BRACHYMORPHUS, *Chevrolat*.

ENOPLIUM? Fab.

VESTITUS, *Chevrolat*.

Punctulatus, dense-pilosus, cyaneus. Capite, antennis, corpore subtus pedibusque, sanguineis. Apice mandibularum, clava antennarum nigris. Thorace rotundato, antice truncato. Elytris brevibus, amplis, cum duabus maculis dorsalibus nigris.

Long. 10 mil. Lat. amplissima 6 1/2 mil.

Couvert d'un poil gris épais. *Tête* ponctuée, convexe sur le front, plane en avant, sillonnée d'une antenne à l'autre. *Mandibules* arquées, courtes, unidentées intérieurement, rougeâtres, noires à l'extrémité. *Antennes* insérées sur le milieu antérieur des yeux, dépassant la base du corselet, rougeâtres, de onze articles. Premier gros, assez long, deuxième moitié plus court que le troisième, 4e — 7e à peu près égaux diminuant cependant de grandeur; massue noire, de trois articles aplatis, premier presque triangulaire, deuxième étroit, avancé, anguleux, dernier ovalaire, aigu au sommet. *Yeux* étroits, bruns, avoisinant le bord du corselet. *Corselet* aussi haut que large, arrondi, tronqué en avant, coupé obliquement aux côtés postérieurs, convexe sur le dos, base relevée ; il est d'un bleu tirant sur le noir, velu d'une manière dense. *Ecusson* entièrement rond. *Elytres* d'un beau bleu, pointillées, courtes, très-élargies, arrondies au sommet, moins sur la suture, deux taches dorsales d'un noir velouté, avant le milieu, presque contiguës sur la suture. Dessous du *corps* et *pattes* d'un rouge sanguin ; cuisses assez fortes, creusées en dessous jusqu'à la moitié ; jambes dentelées en dehors. Les trois premiers articles des tarses courts, avancés des deux côtés, à pelottes lamellées en dessous. Crochets cintrés, robustes.

Dernier article des palpes modérément long, aplati, tronqué, non en hache. Dans l'*En.*[e] *serraticorne* de Fabricius, le troisième article des tarses seulement en lamelle par dessous. Il a assez d'analogie avec les *Corynètes*, mais ses antennes le rapprochent d'avantage du genre *Enoplium*. Ces différences me font regarder cet insecte comme devant former un genre que j'appellerai *Brachymorphus*. Une douzaine d'individus ont été trouvés par nos voyageurs, pendant le mois d'août, à Tuspan, terre chaude, sur des bois nouvellement coupés. Ils sont très-voraces et se nourrissent de toute espèce d'insecte.

(7e fascicule. Juillet 1835.)

Pentamère. — Carabique.

SPHERACRA, *Say*, *Description of New. Sp. N. Am.* 1829 — 1833.

LEPTOTRACHELUS[1], *Lat. Dej. Sp.*

TESTACEA, *id.*

Testacea. Capite in collum breve attenuato, linea transversali, sulcis duobus impresso, thoraceque rufis. Singulo elytro, nono striis punctatis.
Var. β *Sutura fusca haud integra. — An* Carab. dorsalis, *Fab.?*

Long. 7 ½—8 mil. Lat. 2 ¼—2 ¾ mil.

Testacée. *Tête* ovalaire, large, un peu aplatie, lisse, rousse, ligne transverse entre les antennes, liée aux sillons latéraux lesquels sont étroits et remontent seulement jusqu'au milieu des yeux, faible ligne le long de ces derniers; atténuée brièvement en col, très-faible ligne transverse en dessus. Lèvre transverse pâle, quatre gros points contigus au bord antérieur, tous munis d'un poil. *Mandibules* creusées sur le côté. *Palpes* avec le dernier article renflé au milieu, aminci en pointe par le bout. *Antennes* poilues, dépassant la base du corselet, fauves, les trois premiers articles plus pâles. *Yeux* saillans, oblongs, latéraux, noirâtres ou livides. *Corselet* roux, de la longueur de la tête, étroit, cylindroïde, carène latérale, avec lignes dont l'une sur le bord supérieur, l'autre sous l'inférieur, droit à la base, finement poin-

[1] Say ayant créé ce genre avant Dejean, il convient de rétablir son antériorité.

tillé en-dessus, droit en avant, cylindrique et appuyé sur la tête, ligne longitudinale non-entière, plus profonde en avant. *Ecusson* ponctiforme, très-petit. *Elytres* deux fois aussi longues au moins que le corselet, de la largeur de la tête y compris les yeux, arrondies sur l'épaule et l'extrémité, angulaires sur le dedans de la suture, neuf stries ponctuées, les cinq suturales étroites, profondes, 3e-4e, 5e-6e réunies au sommet. *Epipleures* testacés, assez larges sous l'épaule. *Pattes* et appendices d'un blanc jaune, tarses velus, premier article du double plus long que les suivans, crochets arqués, aigus. Dessous du *corps* d'un testacé roussâtre, lisse, cinq segmens abdominaux.

De légères différences se remarquent entre les individus du Mexique et ceux de la Colombie; dans ces derniers le corselet offre en-dessus un pointillé plus nombreux et les points des stries aux élytres, sont plus profonds et plus larges.

La variété dont la suture est rousse et élargie vers le sommet sans l'atteindre, pourrait bien n'être que *le Carabus dorsalis* de Fabricius que je ne possède pas.

L'on fait monter à cinq le nombre des espèces décrites, il pourrait bien se trouver réduit, car ce genre est sujet à offrir des variétés. J'ai eu occasion, dans la *Revue Entomologique* de Silbermann, t. II. p. 114, d'en consigner plusieurs touchant la *Brasiliensis*.

Trouvée par nos voyageurs, à Encero, dans les fleurs d'un *Cactus*, pendant le mois de juin.

(7e fascicule. Juillet 1835.)

Pentamère. — Carabique.

1. CYMINDIS, *Lat. Dej.*

ATRATA, *Chevrolat.*

Nigra, nitida. Capite foveis duabus sub-impresso. Thorace quadrato, linea longitudinali haud integra. Elytris 18 striis, interstitiis punctulatis, punctis duobus in stria tertia, punctis ocellaribus inter strias marginales. Tarsis rufis.

Long. 11 mil.. Lat. 4 $^1/_2$ mil.

Cette espèce a le corselet de forme plus carrée que la plupart des espèces décrites jusqu'à ce jour. Noire, foncée, brillante. *Tête* inclinée, noire, couverte de quelques petits points, plissée le long des yeux, deux fossettes peu distinctes et peu profondes en dedans de la base des antennes. *Mandibules* longues, avancées, croisées, creusées coniquement sur les côtés. *Lèvre* avancée, en carré transversal. *Chaperon* droit. *Antennes* n'atteignant pas tout-à-fait le milieu des élytres, brunes, les trois premiers articles d'un noir brillant. *Yeux* noirs, livides sur les côtés. *Corselet* aussi large à sa partie antérieure que haut, rétréci en arrière, coupé obliquement au côté postérieur, droit sur l'écusson, très-faiblement cintré sur la tête, côtés avancés antérieurement, creusés, relevés, ainsi que sur la base, ligne dorsale étroite, non-entière aux extrémités. *Ecusson* excessivement petit, triangulaire. *Elytres* un peu plus larges que la tête y compris les yeux, deux fois et demie aussi longues que le corselet, arrondies sur l'épaule, presque parallèles, sinueusement tronquées, avancées sur la suture ; chaque étui avec neuf stries étroites sur lesquelles on aperçoit, à l'aide de la loupe, de petits points contigus, sur la troisième strie deux points enfoncés, l'un au tiers, l'autre au-delà du milieu inférieur ; interstices pointillés, série de points ocellés sur le dernier interstice marginal ; dixième strie courte, le long de l'écusson. *Epipleures* très-creusés sous l'épaule. *Pattes* noires, sommet des jambes à poils roux, tarses de même couleur. Cinq segmens abdominaux, dernier débordant les élytres, tronqué d'une manière arrondie à l'extrémité.

Prise en petit nombre par nos voyageurs en terre froide, aux environs de Cruz-Blanca, pendant le mois de juin.

Pentamère. — Carabique.

2. CYMINDIS, *Lat. Dej.*

PALLIDIPES, *Chevrolat.*

Nigra, nitida, Cym. variegata, *Dej. affinis, sed minor. Capite ruguloso, foveis duabus, quadratis impresso. Thorace subcordato, linea longitudinali, lineolis transversis, rufo lateribus. Elytris 18 striis punctulatis, cum 6 notulis, margine, epipleuris, primo articulo antennarum, trochanteribus, pedibusque (geniculis exceptis) flavo-albis.*

Long. 9 mil. Lat. 3 ½ mil.

Plus petite que les *Cym. variegata* et *parallela* de Dejean, auxquelles elle ressemble beaucoup; d'un noirâtre assez brillant. *Tête* plus longue que le corselet, arrondie, aplatie, quoique légèrement convexe, un peu atténuée en col, crevasses longitudinales entre les yeux, deux impressions carrées à sa partie antérieure. *Palpes* fauves, plus pâles au sommet. *Mandibules* noires, coniquement creusées en dehors. *Lèvre* rousse, en carré transversal, six points sur le bord, élévation longitudinale. *Chaperon* droit. *Antennes* n'allant que jusqu'au tiers des élytres, noirâtres, brunes au sommet, premier article ferrugineux. *Yeux* d'un noir terne. *Corselet* aplati, presque en cœur, aussi large au sommet que la tête, y compris les yeux; coupé droit sur les côtés à la base, avancé et arrondi sur l'écusson, droit sur la tête, de la largeur du col, remontant et arrondi sur l'angle antérieur, légère saillie sur le côté postérieur, ligne dorsale étroite, entière, traversée de lignes obsolètes près des bords; marge rougeâtre, creusée; il est finement crevassé. *Ecusson* triangulaire, aigu. *Elytres* noirâtres, brillantes, arrondies sur l'épaule, parallèles, tronquées à l'extrémité et un peu avancées sur la suture; neuf stries sur chaque étui, dans lesquelles de très-petits points, 3e—4e, 5e—6e réunies avant le sommet; trois petites taches jaunes, deux entre les deuxième et troisième stries, dont la première au tiers, et la seconde au-delà du milieu; troisième au sommet et entre les quatrième et cinquième réunie à plusieurs autres petites taches qui avoisinent l'angle marginal. Côtés et *épipleures* jaunâtres, quelques taches de même couleur entre les deux dernières stries latérales; une dixième strie le long de l'écusson. *Pattes*, appendices et trocanters d'un jaune pâle; jambes antérieures échancrées au-delà du milieu; genoux roussâtres. *Abdomen* noir, débordant les élytres, tronqué, dessous du corselet roux, parties de la bouche jaunes en dessous.

Unique dans l'envoi de nos voyageurs, et provenant des environs de Tuspan.

(7e fascicule. Juillet 1835.)

Pentamère. — Carabique.

3. CALLEIDA, *Dej. Sp. Cat.* 2e.

TRUNCATA, *Chevrolat.*

Lævis, cuprea, subvirescens, micans, subtus nigra. Capite bifoveato. Thorace subæquali, plano, rotundato lateribus anticis, truncato et bisulcato basi, linea dorsali integra, valdè impressa, rugis transversis. Elytris longis, apice truncatis; singulo coleoptero nono striis punctatis. Antennis nigris (primo articulo rufo).

Long. 11 mil. Lat. 4 mil.

D'un cuivreux verdâtre métallique, très-brillant. *Tête* verte, lisse, brillante, abaissée, moyenne; sur chaque côté antérieur une impression irrégulière, étroite et profonde, avec point en dessus; rebordée en avant et sillonnée le long des yeux; ligne transverse entre les antennes; col à peine atténué, cerclé cylindriquement en avant du corselet. *Palpes* noirs, dernier article roux au sommet. *Mandibules* noires, creusées latéralement. *Lèvre* en carré un peu transverse, d'un noir mat. *Chaperon* droit. *Antennes* un peu plus longues que le corselet, d'un brun noirâtre; premier article roux, deuxième et troisième noirs, lisses. *Yeux* arrondis, pâles. *Corselet* aplati, guère plus haut que large, droit, faiblement marginé à la base, élargi et arrondi aux côtés antérieurs, à peine cintré et rebordé sur la tête, dépression transverse en dessous, ligne dorsale étroite, profonde, rides transverses, marge mince, oblique, creusée; deux dépressions basales un peu plus rapprochées du bord latéral que de la ligne. *Ecusson* ponctiforme, noirâtre. *Elytres* trois fois aussi longues que le corselet, plus larges que ce dernier et que la tête, presque parallèles, arrondies sur l'épaule et le sommet de la marge, tronquées et un peu avancées sur la suture : chaque étui avec neuf stries de petits points contigus; sur la deuxième un gros point au cinquième de leur longueur, un autre sur le bord de la troisième, vers le milieu; sur le dehors de la huitième marginale, une quinzaine de points ocellés. *Abdomen* noir, débordant les élytres, tronqué; six segmens lisses, avec dépressions sur le côtés, le dernier est le plus grand. *Pattes* d'un noir brillant un peu verdâtre, appendices postérieurs longs, noirs; ceux antérieurs, ainsi que les trocanters et ceux des jambes médianes, roux.

Unique. Pris par nos voyageurs, pendant le mois d'août, aux environs de Las Animas, sur une plante.

Pentamère. — Carabique.

4. CALLEIDA, *Dej. Sp. et Cat.* 2.

VIRIDIS, *Chevrolat.*

Viridi-smaragdina. Palpis, mandibulis, antennisque (tribus primis articulis infrà flavis) nigris. Capite punctato, bifoveato. Thorace longiore latitudine, antice extenso, bisulcato lateribus basi, linea dorsali integra, rugis transversis. Elytris 16 *striis punctulatis, apice oblique truncatis.*

Long. 9 mil. Lat. 4 mil.

D'un vert émeraude. *Tête* lisse, ovalaire, un peu rétrécie en arrière, faible ligne transverse entre les antennes, deux petits enfoncemens ridés; ponctuée en dessus et sur les côtés. *Palpes*, *mandibules* et *antennes* noirs; les trois articles de la base dans les dernières, jaunâtres en dessous. *Lèvre* transverse, rebordée en avant, d'un noir mat. *Chaperon* droit. *Yeux* ronds, pâles. *Corselet* un peu plus long que large, droit à la base, oblique sur les côtés, plus large antérieurement, marge creusée et élevée, surtout en arrière, dépression d'un vert clair, appuyée sur le bord; également droit sur la tête; ligne dorsale étroite, profonde; il est couvert de rides serrées, transverses. *Ecusson* arrondi, un peu aigu, noir.

Elytres ayant un peu plus du double de largeur du corselet; déprimées à l'entour de l'écusson, arrondies sur l'épaule, parallèles, à peine élargies au-delà du milieu, arrondies au sommet de la marge, un peu sinueuses, tronquées obliquement en s'avançant sur la suture, marge faiblement rebordée: chaque étui avec huit stries entières, et neuvième courte, le long de l'écusson, suturale enfoncée, marginales plus évidemment ponctuées; ces points sont très-petits: interstices assez larges, avec pointillé peu prononcé, irrégulier. *Epipleures* larges sous l'épaule, carénés sur les bords. Poitrine verte, les autres parties en dessous et cuisses bleues; jambes et tarses noirs, six segmens abdominaux; le dernier est le plus grand, tronqué et arrondi au-delà des élytres avec deux impressions latérales profondes à la base.

Doit venir près de la *Smaragdina* de Dejean; deux exemplaires pris par nos voyageurs, à Las Vigas, sous des pierres, pendant le mois d'août.

(7e fascicule. Juillet 1835.)

Pentamère. — Carabique.

ONYPTERYGIA, *Chevrolat*, *Dejean*, *Spécies*, vol. V, p. 348.

Ce nom a été adopté par M. le comte Dejean, dans son *Spécies*; je l'ai formé de deux mots grecs, ονυξ, ongle, crochets, et de πτεξυξ, υγος, crénelure, en raison des crochets des tarses, qui sont dentelés et presque pectinés intérieurement. Les insectes qui composent ce genre sont tous, jusqu'à présent, propres au Mexique. On pourra les reconnaître au signalement suivant : Dernier article des palpes allongé, très-légèrement ovalaire, presque cylindrique. Corps long, parallèle ou un peu ovalaire; antennes grêles, dépassant le plus souvent la moitié des élytres; pattes allongées, rapprochées, postérieures un peu plus espacées. Cuisses, jambes et ensemble des tarses égaux; les premières avec une échancrure interne; les secondes grêles, arrondies: deux épines raides les terminent; les dernières ayant leurs premier et cinquième articles de même longueur, du double du deuxième, quatrième en penne de flèche étroite. Corselet un peu plus haut que large, aplati, légèrement convexe, arrondi sur le côté. Se reporter à l'ouvrage cité plus haut pour les autres caractères. Je pense avec M. Brullé que ce genre doit venir à côté des *Dolichus*, et non parmi les Troncatipennes.

Pentamère. — Carabique.

I. ONYPTERYGIA, *Chevr. Dej. Sp. Cat.* 2e.

FULGENS, *Chevrolat.*

Viridi-aurata, micans, cærulea infrà. Elytris margine lato rubro-cupreo, præsertìm extremitate, apice truncatis, quatridentatis. Antennis, tibiis, tarsisque nigris.

Long. 15—16 mil. Lat. 5—5 1/4 mil.

D'un beau vert brillant en dessus, bleu en dessous, marge et sommet des élytres d'un rouge cuivreux très vif. *Tête* allongée, lisse, sillonnée le long des yeux, faible ligne transverse entre les antennes, deux légères impressions en-dessus. *Palpes* noirs, longs, l'avant dernier est le plus grand. *Mandibules* noires, avancées, creusées latéralement. *Lèvre* carrée, noire, six points sur le bord. *Chaperon* droit. *Antennes* noires, les trois premiers articles brillans tirant sur le vert. *Yeux* arrondis, pâles. *Corselet* aplati, guère plus haut que large, droit à la base et rebordé, arrondi sur les côtés, creusé et relevé sur la marge, également droit sur la tête, abaissé sur les côtés, ligne dorsale réunie par le haut à une ligne angulaire qui remonte sur les angles antérieurs, limitée par le bas à une ligne transverse, laquelle se lie aux deux fossettes latérales. Celles-ci arrondies, impressionnées, finement ruguleuses dans l'enfoncement, rides transverses assez longues. *Ecusson* noir, petit, arrondi quoique un peu aigu. *Elytres* presque du double plus larges que le corselet, trois fois et demie aussi longues, parallèles, légèrement convexes sur la suture, arrondies sur l'épaule et le sommet de la marge, avancées sur l'extrémité, tronquées et quatridentées, chaque étui avec huit stries formées de petits points, deux gros sur la deuxième suturale, l'un au-delà du milieu, l'autre vers le bout, sur la troisième un point au-dessous de la base, et un dernier à l'extrémité sous la réunion de la troisième et quatrième stries, points ocellés en dehors de la marginale, neuvième petite strie le long de l'écusson, interstices planes. *Epipleures* verts, inclinés. Dessous du *corps*, appendices et cuisses d'un bleu foncé verdâtre, jambes finement poilues, noires ainsi que les tarses. Abdomen de six segmens, stigmates très-impressionnés, éloignés des bords.

J'en ai reçu une quarantaine d'individus, tant de M. Lesueur que de nos voyageurs, tous pris aux environs d'Orixaba et de la Véra-Cruz. Ces insectes vivent sur les feuilles et se laissent tomber aussitôt qu'on les approche.

(7e fascicule. Juillet 1835.)

Pentamère. — Carabique.

2. ONYPTERYGIA. *Chevrolat. Dej. Sp.*

TRICOLOR. *Chevrolat.*

Cœrulea. Elytris violaceis, antice rubris, his punctulato-striatis apice angulatis. Antennis, tibiis tarsisque nigris.

Var. β Viridis, elytris rubris cum tertia parte apicali cœruleo-violaceis. Callichroa dimidiata, *Hœpfner* (*inedita*).

Long. 11 ½ mil. Lat. 4 mil. — Orixaba. Mexico.

Lisse, d'un beau bleu brillant. *Tête* arrondie, deux légères impressions en avant. *Palpes* d'un noir brunâtre, longs. *Mandibules* noires, creusées latéralement. *Lèvre* aplatie, en carré transverse. *Chaperon* droit. *Antennes* dépassant le milieu des élytres, brunâtres, les trois premiers articles lisses, couleur de poix. *Corselet* aussi haut que large, tronqué aux extrémités, arrondi sur le milieu latéral, creusé étroitement près du bord; deux enfoncemens près de la base avec sillon transverse; ligne dorsale bifurquée sur le haut; il est aplati quoique un peu convexe au centre. *Ecusson* triangulaire, noir. *Elytres* plus larges que la tête et que le corselet, arrondies sur l'épaule, parallèles, obliques et avancées sur l'extrémité, tronquées sur le dedans de la suture, et formant un angle aigu ; huit stries légères sur chaque étui, les latérales plus distinctement ponctuées ; leur moitié antérieure d'un rouge brique, avec la partie postérieure d'un bleu violacé, mêlé de vert ; tout le dessous du *corps* d'un beau bleu brillant, appendices et trocanters antérieurs, ainsi que les deux des pattes médianes, rougeâtres.

Une quarantaine d'individus de cette espèce ont été pris par nos voyageurs et M. Lesueur, près du pic d'Orixaba et de la Véra-Cruz, sur la même plante que l'espèce précédente.

M. Hœpfner a reçu des environs de Mexico une variété ayant la tête et le corselet verts, les élytres sont rouges, avec le tiers terminal d'un bleu violacé, il me l'a envoyée sous le nom de *Callichroa dimidiata*.

Pentamère. — Carabique.

4. **ONYPTERYGIA**, *Chevrolat*, *Dej. Sp.* et *Cat.* 2.

VIRIDIPENNIS. *Chevrolat.*

Plana, nigra, nitida. Elytris viridibus, 16 striis punctatis, apice rotundatis, abdomine thoraceque infrà piceis.

Long. 10 ½ mil. Lat. 4 mil.

D'un noir foncé brillant. *Tête* arrondie, lisse, deux impressions obliques, prolongées jusqu'à la hauteur du milieu des yeux, un peu amincie en col. *Palpes* noirs. *Mandibules* noires, creusées sur le côté. *Lèvre* en carré transversal, six points sur le bord. *Chaperon* droit. *Antennes* prolongées jusqu'aux deux tiers des élytres, brunes, pubescentes, les quatre premiers articles noirs, brillans. *Corselet* aplati, légèrement convexe sur chaque côté du dos, presque aussi large qu'il est haut, tronqué, avec ligne très-faible sur la base, arrondi aux côtés antérieurs, faiblement creusé en avant des bords, droit et entourant cylindriquement la tête, ligne dorsale n'atteignant pas les extrémités, deux dépressions basales, larges, non profondes. *Ecusson* triangulaire noir. *Elytres* vertes, plus larges que la tête et que le corselet, ayant une fois et demie leur longueur, base élevée, presque parallèles, arrondies à l'extrémité de la marge et de la suture; sur chaque étui huit stries étroites, enfoncées, dans lesquelles quelques points peu distincts, interstices aplatis : avec une très-forte loupe on aperçoit des rides plissées, transverses, deux points profonds sur la deuxième strie, l'un au-delà du milieu l'autre au-dessus du sommet, série de points en dehors de la huitième strie marginale. *Poitrine* noire, dessous du corselet et *abdomen* couleur de poix claire; appendices et trocanters de même couleur, cuisses noires, lisses, jambes avec poils des deux côtés, tarses roussâtres.

Unique. Prise par nos voyageurs aux environs de Las Vigas.

Pentamère. — Carabique.

5. ONYPTERYGIA, *Chevrolat, Dej. Sp. Cat.* 2.

HUMILIS, *Chevrolat.*

Affinis Onypteryg. viridipenni, *nob. sed differt apice et striis elytrorum. Palpis, capite, corporeque nigris. Thorace viridi, truncato et planato basi usque ad foveas laterales, linea dorsali impressa. Elytris viridi-obscure-cupreis, margine rubris, 16-striis simplicibus, exiguis, productis et rotundatis apice.*

Long. 10 mil. Lat. 4 mil.

Elle vient se placer entre les *Onypt. viridipennis*, et *angustata* et participe de l'une et de l'autre. *Tête* noire, allongée, lisse; ligne étroite le long des yeux; à peine creusée sur les côtés entre les antennes, élevée sur le milieu. *Palpes* noirs, sommet du dernier article jaunâtre. *Mandibules* avancées, planes, courbées, creusées latéralement, noires. *Lèvre* carrée, noire, points en avant. *Chaperon* droit, aplati. *Antennes* brunes, poilues à l'extrémité des articulations, base et moitié du quatrième article couleur de poix. *Yeux* pâles, ronds. *Corselet* d'un vert foncé, brillant, plus large que la tête, guère plus haut que large, tronqué à la base, déprimé transversalement en dessus jusqu'aux sillons; ceux-ci étroits, profonds, ponctués, assez rapprochés de la marge, droit au sommet en s'abaissant sur les côtés, arrondi sur le milieu latéral, rebords minces, plus élevés en arrière; ligne dorsale étroite, enfoncée, réunie à une dépression angulaire qui remonte sur l'angle antérieur; quelques faibles rides sur le dos. *Ecusson* noir, à peine triangulaire. *Elytres* d'un verdâtre cuivreux, d'un cuivreux rougeâtre sur les côtés, du double plus large que le corselet, en ovale long, prolongées sur l'extrémité et arrondies près de la suture; chaque étui avec huit stries entières, simples, étroites, assez enfoncées, une neuvième le long de l'écusson, courte. Gros point sur la deuxième suturale et au-delà du milieu, sur le bord de la septième et en dehors quelques points doubles, interstices larges non convexes, dans lesquels on aperçoit, avec une très-forte loupe, des rides brisées, excessivement fines et serrées. *Epipleures* et poitrine d'un vert très-foncé; cuisses et abdomen d'un noir brillant; jambes et tarses d'un noir couleur de poix; trocanters et appendices postérieurs roux.

Envoi de M. Alex. Lesueur.

Pentamère. — Carabique.

6. ONYPTERYGIA. *Chevrolat, Dej. Sp.*

ANGUSTATA. *Chevrolat.*

Nigra, nitida. Elytris auratis, apice in medio angulatis, singulo coleoptero cum 9 striis exiguis, sub-punctatis. Capite ovato, bi-impresso. Thorace plano, truncato extremitatibus, rotundato lateribus.

Long. 9 1/2 mil. Lat. 3 1/2 mil.

D'un noir foncé brillant. *Tête* lisse, arrondie, rétrécie en arrière en col court peu atténué, deux impressions entre les antennes, étroites, assez profondes, marginée le long des yeux, quelques longs poils en dessus et en dessous. *Palpes* longs. *Mandibules* creusées latéralement. *Antennes* d'un brun noir, pubescentes, les quatre premiers articles luisans. *Yeux* arrondis. *Corselet* aplati, un peu plus long que large, droit à la base, arrondi et creusé sur les côtés, presque droit au sommet, marginé sur les quatre bords, deux dépressions basales, larges, profondes et transverses, situées entre la marge et la ligne dorsale; celle-ci est très-légère, ridée en travers. *Ecusson* noir, arrondi en arrière. *Elytres* d'un cuivreux doré, mélangé de rouge et de vert, arrondies sur l'épaule, presque parallèles, avancées obliquement en s'arrondissant sur le sommet de la marge, tronquées du côté de la suture et formant un angle; chaque étui avec neuf stries légères, très-étroites, dans lesquelles on aperçoit avec peine quelques points, sur la deuxième strie suturale deux points enfoncés, l'un au deux tiers de leur longueur, l'autre près du bout; quelques points doubles entre les deux marginales, marge étroite, noire ainsi que les *épipleures;* ils sont élargis à leur naissance. Dessous du *corps* et *pattes* d'un noir brillant; cuisses antérieures échancrées en dedans, tarses à poils jaunâtres, les quatre premiers articles antérieurs faiblement dilatés, longs.

Unique. Envoi de nos voyageurs, pris en août aux environs de Cruz-Blauca.

(7e fascicule. Juillet 1835.)

Pentamère. — Carabique.

7. LEBIA, *Lat. Dej.*

FLAVOVITTATA. *Chevrolat.*

Rubra. Palpis, antennis, basi excepta, oculis, elytris (margine, apice vittaque haud integra, rubris); genubus tibiis anticis et tarsis nigris. Thorace transversali, sulcato et reflexo lateribus. In singulo coleoptero 9 striis.

Long. 6 mil. Lat. 2 ¹/₄ mil.

Voisine des *Lebia ornata, axillaris*, Dej. etc. Rouge; élytres noires avec quatre lignes longitudinales et sommet rouges. *Tête* large, légèrement convexe, atténuée en col en arrière, lisse, ruguleuse en avant et ayant trois petits enfoncemens. *Palpes* noirs. *Mandibules* rougeâtres, creusées latéralement. *Lèvre* en carré transverse. *Chaperon* droit. *Antennes* noires, atteignant au plus le quart des élytres à leur base, les trois premiers articles rouges sur le côté interne. *Yeux* obscurs. *Corselet* transverse, droit à la base sur les côtés, avancé et tronqué au milieu, échancré étroitement en cintre sur la tête, arrondi à sa partie antérieure, creusé et relevé en marge, rides fines transveres, ligne dorsale faible. *Ecusson* triangulaire, rouge avec son entourage sur les élytres, de même couleur. *Elytres* d'un noir brillant, en carré allongé, plus larges que la tête y compris les yeux, arrondies sur l'épaule, déprimées près de l'écusson, un peu élargies vers le milieu, tronquées obliquement sur le bout de la suture. Chaque étui avec neuf stries étroites assez enfoncées; entre les troisième et quatrième une ligne rouge limitée au cinquième de leur longueur, marge et sommet de même couleur, quelques points entre les deux stries marginales. *Abdomen* débordant les élytres et creusé en dessous, tronqué, un peu arrondi. Tout le dessous du *corps* trocanters et cuisses rouges; genoux, jambes et tarses noires, le milieu des jambes cependant un peu fauve.

Un seul accouplement a été pris par nos voyageurs aux environs de Mexico, pendant le mois d'août.

(7e fascicule. Juillet 1835.)

Pentamère. — Carabique.

2. COPTODERA, *Dej. Sp. Cat.* 2.

AURATA, *Chevrolat.*

Viridis, aurata, nigro-picea subtus. Capite lato, convexo, tribus punctis impresso. Thorace transverso, reflexo sulcatoque lateribus et basi; linea longitudinali. Elytris oblique truncatis, productis in sutura, singulo coleoptero cum 8 *striis angustis, subpunctatis.*

Long. 8 mil. Lat. 3 1/2 mil.

Large, raccourcie, dorée en dessus, dessous d'un fauve couleur de poix. *Tête* convexe, lisse, ridée en avant; trois points très-enfoncés. *Lèvre* d'un fauve terne, carrée, munie de quelques poils noirs. *Chaperon* droit. *Palpes* noirâtres, terminaison du dernier article pâle. *Antennes* un peu plus longues que le corselet, brunes, les trois premiers articles luisans. *Yeux* arrondis, saillans, obscurs. *Corselet* transverse, lisse, droit à la base, et sillonné transversalement, ponctué sur le bord, droit, de la largeur du col au sommet, avancé, arrondi en avant aux angles antérieurs, de la largeur de la tête y compris les yeux, plus étroit par le bas, élevé, sillonné sur les côtés, ponctué dans le sillon; ligne longitudinale étroite, profonde, ridée sur ses bords.

Ecusson noir, petit, arrondi en arrière. *Elytres* en carré long, tronquées sur la base, déprimées sur le milieu, élargies latéralement, relevées sur la marge, sinuées obliquement, avancées sur le sommet de la suture. Sur chaque étui huit stries étroites, finement ponctuées, celle marginale avec enfoncemens irréguliers, neuvième strie très-petite le long de l'écusson. Abdomen tronqué, dépassant à peine le bout de l'élytre, muni de six poils raides. *Epipleures* d'un fauve couleur de poix, droits latéralement, larges à leur départ, sinueux sur la poitrine et ayant deux ligues étroites en marge. Dessous du *corps* et *pattes* couleur de poix, appendices et trocanters plus pâles.

Une dixaine d'individus furent pris par nos voyageurs, aux environs de Las Vigas, pendant le mois d'août, sous du bois pourri, couchés sur terre.

(7e fascicule. Juillet 1835.)

Pentamère. — Carabique.

3. BRACHINUS, *Fab. Dej.*

Cinctipennis, *Chevrolat.*

Cœruleus, vel viridis. Palpis, duabus primis articulis antennarum, capite, thoraceque suprà et infrà, sutura, margine elytrorum, femoribus (apice excepto) tibiisque extrà rubris. Oculis et antennis nigris. Elytris vagè punctulatis, subcostatis.

Long. cum abdomine 9—10 mil. Lat. 4 mil.

Taille du *Brachinus crepitans*. *Tête* rouge, arrondie, lisse, à peine ponctuée sur le front, élevée longitudinalement entre les antennes. *Palpes* rougeâtres, extrémité et milieu des deux derniers articles obscurs. *Lèvre* transverse. *Chaperon* droit. *Antennes* allant jusqu'au milieu des élytres, pubescentes, d'un brun noirâtre, les deux premiers articles rouges. *Yeux* noirs, arrondis. *Corselet* une fois et demie plus long que large, plus court que la tête, tronqué aux extrémités, arrondi sur les côtés antérieurs, rétréci près de la base, avec les angles postérieurs rectangulaires sur cette dernière; ligne dorsale entière, enfoncée à sa partie postérieure, très-peu ridée sur ses bords; marge saillante, en carène, étroitement creusée en dedans.

Ecusson triangulaire, rouge. *Elytres* un peu plus larges que la tête, trois fois aussi longues que le corselet, en carré allongé, élargies sur le milieu, arrondies sur l'épaule et l'extrémité de la marge, tronquées obliquement sur la suture, ponctuées finement çà et là, quelques côtes peu distinctes; bleues ou vertes, à peine pubescentes, suture large et marge rouge. *Epipleures* jaunâtres, creusées. *Abdomen* d'un brun noirâtre, débordant les élytres, pointillé en dessous et sur le premier segment du dessus. *Pattes* noirâtres, appendices, trocanters, cuisses, excepté au sommet, et jambes jaunâtres extérieurement. Milieu de la poitrine de même couleur. Dessous du corps d'un brun noirâtre.

Une dixaine d'exemplaires ont été trouvés par nos voyageurs, pendant le mois d'août, sous des pierres dans de l'herbe, dans des fossés, plaine de Mexico. Se placera après le *Bombarda* d'Illiger.

Pentamère. — Carabique.

2. CALOSOMA, *Fab. Dej.*

LÆVE, *Dupont, Dej. Spéc.* t. II, p. 210.

Nigrum, nitidum. Capite antice punctato et rimuloso. Thorace rotundato lateribus, marginato, latitudine thoracis una et sesqui longitudinem efficiente, linea longitudinali, rimis transversis in femina. Elytris elongatis, ovalibus, nitidis, margine cum serie punctorum contiguorum.

Long. ♂ 19 ♀ 21 mil. Lat. ♂ 8 ½ ♀ 10 mil.

Noir, uni. *Tête* aussi longue que le corselet est large, lisse au sommet, dans le mâle, irrégulièrement crevassée et ponctuée jusqu'à la hauteur des yeux et plus fortement dans la femelle; rebord latéral élevé, un peu sinueux, creusé antérieurement dans le mâle, également élevé sur le chaperon; dans la femelle, un point enfoncé sur chaque extrémité. *Palpes* noirs; dernier article conique, un peu plus long dans la femelle. *Mandibules* larges, plus étroites et croisées dans le mâle, plis ruguleux, obliques. *Lèvre* étroite, transverse, très-déprimée au milieu. *Antennes* atteignant la base des pattes médianes, pubescentes, noirâtres; les quatre premiers articles d'un noir brillant. *Yeux* pâles, arrondis. *Corselet* plus large que la tête, une fois et demie aussi étendu que haut, droit à la base, avec une légère impression vers l'angle postérieur, très-arrondi latéralement, étroitement creusé, marginé, avec le rebord postérieur un peu élevé, droit sur la tête; ligne très-impressionnée en arrière du bord; ligne dorsale entière; la femelle offre des crevasses transverses qui sont moins perceptibles dans l'autre sexe. *Ecusson* triangulaire, très-large, ligne longitudinale. *Elytres* plus larges que le corselet, trois fois et demie aussi longues, plus étroites dans le mâle, en ovale long, très-convexes sur le dos, resserrées sur la base, arrondies sur l'épaule, moins à l'extrémité, surtout dans la femelle; d'un noir lisse; quelques vestiges de trois rangées de points; avec une forte loupe, on aperçoit chez le mâle quelques lignes longitudinales; marge exiguement creusée, un peu relevée; série de points contigus, élevés en devant. *Pattes* et dessous du *corps* d'un noir brillant; les quatre cuisses antérieures couvertes, sur leur longueur, de gros points; jambes avec lignes et points, non arquées dans le mâle, et ayant le premier article des tarses antérieurs triangulaire, deuxième et troisième transverses, arrondis en dessus, dernier plus long que les deux premiers ensemble; six segmens abdominaux : 4ᵉ—6ᵉ avec ligne transverse non entière au-dessous du bord supérieur.

Une quinzaine d'individus ont été pris, par nos voyageurs, en terre froide, pendant le mois d'août, sur le bord des fossés de la route, près de Perote, et aussi sous des animaux morts.

(7ᵉ fascicule. Juillet 1835.)

Pentamère. — Carabique.

3. CALOSOMA, *Fab. Dej.*

STRIATULUM, *Chevrolat.*

Breve, latum, nigrum, nitidior præcedente. Capite lævi. Thorace plano, truncato basi, rotundato et marginato lateribus, linea dorsali tenui. Elytris ovalibus, brevibus, substriatis et subcostulatis.

Long. ♂ 16 ♀ 18 mil. Lat. ♂ 7 ♀ 8 $^1/_2$ mil.

Sa taille plus petite, sa tête lisse, son corselet aplati et ses élytres avec un grand nombre de stries et de petites côtes le distinguent facilement du *Cal. læve*. *Tête* lisse, faible ligne entre les antennes, avec un point sur chaque extrémité, chez le mâle seulement; rebord latéral aplati. *Chaperon* presque droit, un peu cintré au milieu; deux points sur les côtés, remplacés chez la femelle, par deux enfoncemens. *Palpes* longs. *Mandibules* à peine ridées. *Lèvre* étroite, transverse, échancrée en demi-lune. *Antennes* n'allant qu'au tiers des élytres, d'un brun noirâtre, les quatre premiers articles brillans. *Yeux* pâles, arrondis. *Corselet* aplati, n'ayant pas tout-à-fait une fois et demie la largeur de sa hauteur, droit sur la base, arrondi et avancé sur l'extrémité, faiblement cintré sur la tête, très-arrondi au milieu, latéral et marginé;

ligne dorsale étroite, enfoncée, n'atteignant pas tout-à-fait le bord postérieur; il est beaucoup plus large que la tête. *Ecusson* arrondi en arrière. *Elytres* trois fois et demie aussi longues que le corselet, de même largeur que lui au milieu, comprimées sur chaque côté de l'écusson, arrondies sur l'épaule, moins sur l'extrémité, plus larges dans la femelle, avec treize ou quatorze stries ou sillons sur chaque étui; elles sont oblitérées sur le côté dans l'autre sexe. On aperçoit entre les troisième et quatrième, huitième et neuvième quelques points par séries. Marge creusée, rebordée, saillante; suite de points tuberculeux plus éloignés entre eux que dans le *Cal. læve. Pattes* ayant de gros points en ligne; jambes non cambrées dans le mâle, avec le premier article des tarses antérieurs mince à sa naissance, presque triangulaire; deuxième et troisième dilatés, arrondis en dessus; six segmens abdominaux : 4e-6e avec ligne transverse non entière, au-dessous du bord supérieur.

Trouvé aux environs de Perote, par nos voyageurs, en terre froide, pendant les mois de juillet et d'août.

(7e fascicule. Juillet 1835.)

Pentamère. — Carabique.

1. OMOPHRON, *Lat. Dej.*

SCOLITUS, Fab. Sch.

OBLONGIUSCULUM, *Chevrolat.*

Statura Scol. limbati, *Fab., sed longior; niger, nitidus, punctatus. Palpis, antennis, in capite macula effigiente litteram* V, *marginibus thoracis elytrorumque suprà et infrà, trochanteribus pedibusque flavis. Thorace latiore latitudine, subquadrato, bisinuato basi, linea longitudinali. Elytris striato-punctatis, apice lævibus cum sex maculis rubris, margine flava.*

Long. 6 ¼ mil. Lat. 3 ½ mil.

Grandeur de l'*Omoph. limbatum*, plus étroit et allongé. *Tête* noirâtre, lisse, petits points profonds sur les côtés et au sommet; tache jaune en avant, ayant la forme d'un V échancré à son sommet interne et dont l'ouverture est sur le devant. *Palpes* jaunes; dernier article mince, très-allongé. *Mandibules* d'un noirâtre de poix, creusées latéralement. *Lèvre* jaunâtre, carrée, un peu cintrée antérieurement, arrondie à sa partie supérieure. *Antennes* jaunes, allant jusqu'aux deux tiers des élytres. *Yeux* ronds, pâles. *Corselet* noir, plus large que haut, sinueux, arrondi sur l'écusson (on aperçoit sur le bord une ligne légère); droit au sommet, abaissé et rentrant obliquement sur l'angle antérieur interne, lequel angle est avancé, appuyé sur la tête; côtés d'un jaune nacré, étroits, légèrement relevés, arrondis en avant; ligne dorsale peu distincte; il est lisse au milieu, couvert de points irréguliers assez impressionnés, plus nombreux aux extrémités. *Écusson* non visible en dessus. *Élytres* plus larges que le corselet, convexes, orbiculaires, arrondies toutes deux sur le bout, angulaires sur le dedans de la suture, d'un jaune pâle nacré en marge, avec sept avancemens; celui sutural commun, terminé en pointe mousse; trois taches marginales rouges, première triangulaire, partant obliquement de l'épaule, droite en dessous; deuxième étroite, transverse, placée au-delà du milieu; troisième terminale, avancée, en forme de crochet ou d'hameçon sur le milieu de chaque étui; sur chacun d'eux quinze stries ponctuées, formées de points serrés sur les suturales, lesquelles stries ne vont tout au plus qu'aux deux tiers de leur longueur; sommet lisse, avec quelques stries non-ponctuées. *Epipleures* creusés, un peu avancés sur la poitrine, d'un jaune terne. Dessous du *corps* d'un jaune fauve, plus obscur au milieu et sous le thorax. *Pattes*, trocanters et appendices postérieurs jaunes; premier article des tarses en carré long, assez large. Mâle.

Pris en petit nombre par le jeune Sallé, à Las Vigas, au bord d'un ruisseau très-courant, pendant le mois d'août.

(7e fascicule. Juillet 1835.)

Pentamère. — Carabique.

2. OMOPHRON, *Lat. Dej.*

SCOLYTUS, Fab.

SPHÆRICUM, *Chevrolat.*

Castaneum, ovale. In capite maculis duabus argenteis, trigonis. Thorace transverso, castaneo, flavo lateribus. Elytris piceo-nigris, striatis, striis punctatis tantum modo basi et suturæ, margine flavis cum sinibus tribus apice. Palpis, antennis, pedibusque flavo-albis.

Long. 5 $^1/_2$ mil. Lat. 3 $^1/_2$ mil.

Large, arrondi, beaucoup plus voisin pour la forme de l'*O. limbatum* que le précédent. *Tête* rousse, peu ponctuée; deux taches trigones en avant, d'un jaune pâle, nacré, ayant la forme d'un V très-ouvert; ligne longitudinale au sommet. *Palpes* d'un jaune pâle. *Mandibules* de même couleur, creusées latéralement, leur partie interne couleur de poix. *Lèvre* transverse, étroite, quatre points avec poil sur le bord. *Antennes* dépassant le milieu des élytres, d'un jaune pâle. *Corselet* roux, transverse, avancé et arrondi anguleusement sur le milieu des élytres, droit antérieurement et remontant sur l'angle; celui-ci est avancé, abaissé; côtés d'un jaune nacré, légèrement relevés, plus larges à la base; angles postérieurs aigus; ligne dorsale peu distincte; il est lisse au milieu, quelques points allongés aux extrémités. *Ecusson* non visible. *Elytres* de la largeur du corselet à sa partie postérieure, arrondies toutes deux au sommet; leur dos couleur chatain obscur, avec cinq avancemens, dont trois au sommet, très-avancés; marge jaune; chaque étui avec quatorze ou quinze stries; les dix suturales offrent des points enfoncés assez gros, qui disparaissent presque aussitôt après la base, ils sont prolongés le long de la suture, limités vers le milieu; les latérales simples; celle marginale avec points sur le commencement, assez espacés. *Epipleures* jaunes, creusés. Dessous du *corps* d'un roux pâle; appendices, trocanters et pattes jaunes; les antérieures des dernières éloignées entre elles à leur insertion; leur partie centrale fortement ponctuée; premier article des tarses en carré long assez large. *Abdomen* d'un fauve pâle; cinq segmens, dont trois sinueux sur leurs côtés.

Des environs de la Véra-Cruz, au bord de petites marres. Pris en petit nombre par Auguste Sallé.

Pentamère. — Carabique.

4. CHLÆNIUS, *Bonelli, Dej.*

CURSOR, *Chevrolat.*

Punctatus, sub-cœruleus, niger infrà. Palpis, labio, antennis ferrugineis, pedibusque flavo-albis. Capite linea transversali. Thorace vix latiore latitudine, valdè punctato, linea dorsali tenui, bifoveato basi. Elytris 16 striis simplicibus, margine pubescentibus.

Long. 15 mil. Lat. 6 ½ mil.

Assez voisin de notre *Chl. chalybeipennis*, plus grand, d'un bleu terne. *Tête* unie, offrant quelques points le long et en dessus des yeux, faible ligne transversale entre les antennes. *Palpes* longs, d'un ferrugineux clair. *Mandibules* noirâtres, creusées latéralement. *Lèvre* jaunâtre, en carré long, quatre points sur le devant. *Chaperon* droit. *Antennes* atteignant le milieu des élytres, ferrugineuses; les trois premiers articles luisans. *Corselet* verdâtre, presque aussi haut que large, droit à la base, au sommet et un peu moins sur le côté, couvert de gros points nombreux; ligne dorsale très-faible, deux fossettes basales, assez profondes à leur partie antérieure, situées entre la ligne et le bord. *Ecusson* large, triangulaire, uni, d'un noir mat. *Elytres* deux fois et demie aussi longues que le corselet, en ovale allongé, arrondies sur chaque extrémité, bleuâtres, pubescentes sur le côté ; chaque étui avec huit stries et une neuvième courte le long de l'écusson, interstices pointillés, deuxième, quatrième et sixième plus larges que les autres; marge légère, faiblement creusée et relevée. *Epipleures* et dessous du *corps* d'un noir terne. Appendices postérieurs et *pattes* d'un jaune tirant sur le blanc ; tarses roussâtres à la terminaison des articles. Femelle.

Se placera près du *Cayennensis* de Dejean. Unique. Pris par nos voyageurs, à Orixaba, sur les bords d'une petite rivière.

Pentamère. — Carabique.

5. CHLÆNIUS, *Bonelli, Dej.*

OBSCURIPENNIS, *Chevrolat.*

Simillimus Chl. chalybeipenni, *nobis. Capite glabro et thorace punctato, cyaneis, linea dorsali, sulcis duobus basalibus. Elytris atro-obscuris, striato-punctatis. Palpis, labio, antennis, pedibusque ferrugineis. Corpore subtus nigro.*

Long. 12 mil. Lat. 5 mil.

Cette espèce est excessivement voisine de notre *Chl. chalybeipennis*. *Tête* lisse, bleue, ligne transversale entre les antennes, réunie à deux sillons peu profonds. *Palpes* d'un ferrugineux clair. *Antennes* n'allant que jusqu'au tiers des élytres, ferrugineuses, à articles ternes et pubescents passé le troisième. *Mandibules* noires, creusées latéralement. *Lèvre* ferrugineuse, un point sur chaque extrémité. *Chaperon* presque droit, un peu cintré. *Yeux* pâles, très-arrondis. *Corselet* bleu, un peu plus large que haut, lisse par places, couvert de points assez gros, plus nombreux sur la base, laquelle est droite; très-faiblement cintré sur la tête, arrondi au milieu sur les côtés; ligne longitudinale étroite n'atteignant pas les bords; deux sillons, appuyés au bord postérieur, arqués, plus impressionnés en avant, situés entre la ligne et la marge, celle-ci avec un bord mince. *Ecusson* triangulaire, d'un noir un peu luisant. *Elytres* d'un noir mat, à pubescence courte, ovalaires, arrondies sur l'épaule et à l'extrémité, très-peu sinuées sur le sommet marginal; chaque étui avec neuf stries, dixième petite, le long de l'écusson, avec petits points dedans, les 2e — 3e, 4e — 5e, 6e — 7e, rapprochées et comme géminées, réunies par deux vers le bout; marge avancée, faible. *Epipleures* d'un noir plus foncé que les élytres, inclinés sur la poitrine. *Pattes*, appendices et trocanters d'un rouge ferrugineux. Poitrine à pointillé élargi. *Abdomen* de six segmens, dernier plus grand, couverts de poils roux. Femelle.

Deux exemplaires seulement ont été trouvés par nos voyageurs, au même endroit que le précédent.

Pentamère. — Carabique.

6. CHLÆNIUS, *Bonelli*, *Dej.*

VIOLACEUS, *Chevrolat.*

Cæruleo-violaceus, niger et pubescens infrà. Palpis ferrugineis. Capite lœvi, sulcis duobus linea transversa antice junctis. Thorace sub-quadrato, sub-rotundato lateribus, valdè punctato, linea dorsali tenui, sulcis basalibus longis. Elytris obovalibus, 16 *striis, punctatis, geminatis, interstitiis punctulatis.*

Tribus primis articulis antennarum maris obscure-rufis.

Long. ♂ 11 ¹/₄ ♀ 12 mil. Lat. ♂ 5 ♀ 5 ¹/₂ mil.

D'un bleu violacé en dessus, noir en dessous. *Tête* d'un beau bleu, lisse, très-finement crevassée, ligne étroite, transverse, entre les antennes, deux petits enfoncemens en-dessus, sur chaque extrémité. *Palpes* ferrugineux. *Mandibules* noires, coniquement et profondément creusées sur le côté. *Lèvre* en carré transversal, obscure, quatre points sur le bord, chacun avec poil. *Chaperon* presque droit. *Antennes* n'allant qu'au tiers des élytres, brunes, pubescentes ; les trois premiers articles luisans noirâtres, rougeâtres chez le mâle. *Yeux* arrondis, livides, noirs au centre. *Corselet* couvert d'un assez grand nombre de points, plus nombreux sur la base et confondus sur le milieu, droit en arrière, marginé exiguement, arrondi aux côtés antérieurs, faiblement cintré sur la tête; ligne longitudinale étroite, entière, deux sillons étroits enfoncés sur le devant, appuyés sur la base, avancés jusqu'au milieu, situés entre la ligne et le bord latéral. *Ecusson* triangulaire. *Elytres* en ovale long, plus larges que le corselet, deux fois et demie aussi longues, à peine sinuées sur le sommet de la marge, peu pubescentes; sur chaque étui huit faibles stries, et une neuvième le long de l'écusson, courte, dans lesquelles stries se voient de petits points, elles sont entières, géminées, réunies par deux avant l'extrémité; interstices pointillés. *Epipleures* étroits, noirs. *Pattes* d'un noir luisant; cuisses avec quelques gros points sur leur longueur; genoux rougeâtres à leur sommet; jambes à poils raides. Dessous du *corps* d'un noir terne, à pubescence courte.

Quatre individus seulement ont été pris par nos voyageurs, au bord d'une petite rivière, à Orixaba.

Pentamère. — Carabique.

CHLÆNIUS, *Bon. Dej.*

CHEVROLATII, *Dej.*

Cærulea-violaceus, niger infrà, femina obscurior. Affinis Chlænio violaceo, *nobis. Thorace punctato, rotundato, bifoveato basi, linea longitudinali. Elytris* 16 *striis tenuibus punctatis. Pedibus et antennarum basi rufis.*

Long. ♂ 11 ♀ 11 ½ mil. Lat. ♂ 5 ½ ♀ 5 mil.

Assez semblable à notre *Chlœnius violaceus*, mais plus court et large, corselet très-arrondi, d'un bleu violacé en dessus, noir en dessous. *Tête* d'un beau bleu, noire antérieurement, inclinée, ligne transverse; faible ligne le long des yeux; deux impressions carrées, petites, plus apparentes dans la femelle. *Palpes* ferrugineux. *Lèvre* transverse, obscure, un point à chaque extrémité. *Chaperon* droit. *Antennes* n'atteignant pas entièrement le milieu des élytres, d'un brun noirâtre, pubescentes; les deux premiers articles et moitié du troisième d'un rouge ferrugineux. *Yeux* pâles. *Corselet* très-arrondi, aussi haut que large, ponctué, tronqué à la base, avec deux impressions avancées jusqu'au milieu, entre la ligne dorsale et le bord; cintré sur la tête, ligne longitudinale entière, très-étroite; côtés légèrement creusés. *Ecusson* triangulaire, lisse, d'un noir mat. *Elytres* ovalaires, courtes, de la largeur du corselet dans sa plus grande étendue, deux fois et demie aussi longues, sinueuses avant le sommet : sur chaque étui huit stries assez éloignées, ayant de petits points en dedans ; neuvième strie allant au-delà de l'écusson. Poitrine et abdomen un peu tuberculeux, six segmens anaux. *Pattes* et *trocanters* ferrugineux ; les quatre appendices antérieurs noirâtres. Tarses d'un ferrugineux obscur.

Quatre exemplaires seulement ont été pris par nos voyageurs, en terre froide, aux environs de Mexico, pendant le mois d'août.

Pentamère. — Carabique.

8. CHLÆNIUS, *Bonelli, Dejean.*

TOMENTOSUS, Knoch. Dej. Sp.

Idem, Cat. 2e, p.

ÆRATUS, *Dej.* 1er *Cat.* p.

Forma Dicæli, *niger infrà. Duobus primis articulis antennarum obscure ferrugineis, capite lævi, rubro viridi, foveis duabus parvis impresso. Latitudine thoracis una et sesqui longitudinem efficiente; hoc punctatissimo, linea dorsali exigua, sulcis duobus basalibus longis, ærato, viridi et marginato lateribus. Elytris* 18 *striis punctatis, interstitiis punctulatis.*

Long. 16 mil. Lat. 7 mil.

Cet insecte, très-commun dans les divers Etats de l'Union, m'a paru être plus grand, plus large que ceux que j'ai obtenus des environs de Philadelphie. *Tête* lisse, verte, avec reflets rougeâtres en avant et au milieu; quelques crevasses et petites lignes en arrière des yeux; deux fossettes ponctiformes à la base des antennes. *Palpes* noirâtres, pâles à leur terminaison. *Mandibules* noires, coniquement creusées sur le côté. *Lèvre* noire, lisse, transverse, étroite; quatre points très-distincts sur le bord. *Antennes* n'allant pas tout-à-fait au tiers de l'élytre, d'un brun noirâtre, pubescentes; les deux premiers articles d'un ferrugineux obscur; troisième lisse, noir. *Yeux* obscurs. *Corselet* d'un rouge d'airain, une fois et demie aussi large que haut, tomenteux sur la base, droit jusqu'au tiers, un peu creusé sur le dedans; faiblement cintré sur la tête; côtés verts, légèrement arrondis, plus étroits en avant; couvert d'une ponctuation multipliée assez profonde, contiguë vers la base; ligne dorsale étroite, terminée près des extrémités; deux fossettes déprimées, profondes antérieurement; il est rebordé. *Ecusson* triangulaire. *Elytres* d'un vert noirâtre, un peu plus larges que le corselet, deux fois et demie aussi longues; vingt stries, y compris celle scutellaire, qui est courte, toutes couvertes de points espacés plus larges qu'elles; interstices planes, fortement pointillés. *Epipleures* noirs, lisses, inclinés sur la poitrine. Celle-ci avec de très-forts points; six segmens abdominaux. *Pattes* noires; cuisses lisses, larges, avec ponctuation sur leur longueur; jambes à poils raides, tarses hérissés de poils.

Un accouplement seulement a été trouvé par nos voyageurs, à Las Vigas.

Pentamère. — Carabique.

3. OODES, *Bonelli*, *Dej.*

12-STRIATUS, *Chevrolat.*

Statura Amaræ similatæ, *Gyl. Viridi-obscure-metallica, nigra infrà. Thorace sub-semi-circulari, linea dorsali exigua, foveolis duabus a marginibus remotis. Elytris sub-sinuosis apice, 12 striis simplicibus.*

Long. 7 $^1/_2$ mil. Lat. 3 $^1/_4$ mil.

Très-semblable à l'*Amara trivialis* de Dejean. D'un métallique cuivreux obscur; noire en dessous. *Tête* noirâtre, inclinée, large, convexe et lisse en arrière, très-faible ligne transverse entre les antennes; sillonnée et rebordée en avant des yeux. *Mandibules* noires, creusées latéralement. *Lèvre* étroite, transverse. *Chaperon* droit, coupé obliquement sur les côtés. *Antennes* n'allant qu'au quart de la base des élytres, brunes, ternes; les quatre premiers articles lisses, d'un brun noirâtre. *Yeux* ronds, d'un livide obscur. *Corselet* lisse, brillant, semi-circulaire, un peu plus haut que large, droit à la base, quoique légèrement sinueux, très-faible rebord avec ligne, excepté sur la base; ligne dorsale très-mince, non entière, plus profonde aux extrémités; deux fossettes arrondies, très-petites, assez éloignées du bord postérieur et encore plus du bord marginal. *Ecusson* triangulaire. *Elytres* guère plus larges que le corselet, deux fois aussi longues, à peine sinuées sur le bout de la marge, avancées et arrondies angulairement sur le dedans de la suture; chaque étui avec six stries simples, étroites, impressionnées, les deux extérieures un peu raccourcies avant le sommet; marge noire, creusée, plus élargie en avant et en arrière, ayant en dedans des élévations oblongues. *Epipleures* noirs, marginés et sinueux sur la poitrine, creusés coniquement. *Pattes*, appendices et trocanters noirs; cuisses lisses, robustes; derrière des genoux couleur de poix; les quatre jambes antérieures plus courtes que les cuisses, celles de devant échancrées vers l'extrémité. Tarses roussâtres, le deuxième article du mâle large, carré. *Poitrine* couverte de très-gros points; six segmens abdominaux, les trois premiers avec série de points transverses.

Unique. Envoi de nos voyageurs. Tuspan.

Pentamère. — Carabique.

1. OMASEUS, *Ziegler, Dej.*

FERONIA, Lat.

VALIDUS, *Chevrolat.*

Forma Pœcili. *Latus, cæruleus, niger infrà. Capite (in illo linea transversa sulcis lateralibus conjuncta), thoraceque lævibus, cyaneis, hoc latiore latitudine, rotundato margine, in basi emarginato et punctatissimo, sulcis duobus longis, linea dorsali punctatissima. Elytris nigro-cæruleis,* 18 *striis, interstitiis convexis, punctulatis.*

Long. 17 ½ mil. Lat. 8 mil.

Cet insecte a le port d'un *Pœcilus* élargi et court. *Tête* d'un beau bleu, lisse, inclinée, de la longueur du corselet; ligne transverse entre les antennes, réunie sur chaque côté en un sillon profond, qui remonte à la hauteur du milieu de l'œil; côte et petite ligne en avant et le long des yeux. *Palpes* roussâtres, plus clairs à leur terminaison. *Mandibules* courtes, larges, noires, creusées coniquement. *Lèvre* transverse, noirâtre, quatre points sur le bord, munis chacun d'un poil. *Chaperon* droit, élevé. *Antennes* n'allant que jusqu'au tiers de l'élytre, brunes; premier article rougeâtre; deuxième et troisième d'un noir luisant, ce dernier est le plus long de tous. *Yeux* pâles, très-arrondis. *Corselet* noir d'un beau bleu foncé et brillant sur les côtés, lisse, une fois et demie aussi large que haut, arrondi latéralement, droit sur le milieu de la base, avancé et également droit en avant de l'épaule, très-fortement ponctué en dessus entre les deux sillons, lesquels sont profonds et remontent presque jusqu'au milieu; cintré sur la tête, étroitement marginé et creusé sur les côtés; il est beaucoup plus large que la tête; le dessous offre quelques gros points sur le bord antérieur et en arrière des pattes. *Ecusson* exactement triangulaire, lisse, d'un noir mat, ligne longitudinale. *Elytres* à pubescence grise, courtes, plus larges que le corselet, deux fois et demie aussi longues, arrondies sur l'extrémité, sinuées un peu avant, d'un noir bleuâtre : chaque étui avec huit stries au fond desquelles est une petite ligne, neuvième très-petite le long de l'écusson; interstices convexes, pointillés; l'avant-dernier offre quelques points alignés; marge verte. *Epipleures* noirs; cuisses noires, lisses, larges, quelques gros points sur leur longueur. Jambes à poils raides, terminées par deux épines aiguës; l'échancrure des cuisses antérieures située près du sommet interne, à cils roux, munie d'une longue épine.

M. le comte Dejean rapporte cet insecte au genre *Chlœnius;* je crois qu'il doit faire partie des *Asporina* de M. Laporte; mais je ne puis le certifier, n'ayant qu'une femelle.

Environs de Mexico. Prise en août, par nos voyageurs.

(8e fascicule. Septembre 1835.)

Pentamère. (Tétramère, Clavipalpe, Lat.)

4. EROTYLUS, *Fab. Duponch.*

Divisio tertia.

Corpus ovale, convexum.

LESUEURI, *Chevrolat.*

Minutus, ovalis, ruber. Capite et thorace punctulatis. Antennis, oculis pedibusque nigris, apice genuum atque tribus articulis antennarum basi flavis. Elytris 16 striis-punctatis.

Long. 6 mil. Lat. 3 ½ mil. — Bocadelmonte.

Très-petit, rouge. Antennes, yeux et pattes noirs. *Tête* arrondie, pointillée, ligne enfoncée le long des yeux, sinueuse. *Antennes* de la longueur du corselet, les trois articles de la base fauves. *Corselet* échancré en avant, droit au milieu et avancé sur l'écusson, déprimé aux côtés, marginé, excepté à la base; il est presque aussi haut que large, plus étroit près de la tête, finement pointillé. *Ecusson* petit, presque triangulaire. *Elytres* guère plus larges que le corselet, marquées chacune de huit stries formées de points rapprochés, enfoncés; marge relevée. *Pattes* courtes; cuisses épaisses, aplaties; genoux et crochets des tarses rougeâtres. Dessous du *corps* et appendices d'un jaune pâle.

Trouvé dans des champignons, par M. Lesueur.

Pentamère. — Carabique.

16. CICINDELA, *Linné, Fab. Dej.*

QUADRINA, *Chevrolat.*

Nitida, cyanea, plurimis coloribus metallicis radians. Palpis flavis, articulis ultimis cum mandibulis labioque rufo piceis. Capite valdè rugato. Thorace nitido, basi et apice strangulato, linea longitudinali tenui. In singulo elytro duabus maculis marginalibus albis; his profundè punctatis, obliquè truncatis extremitate. Pedibus pallidis vel piceis, tarsis nigricantibus.

Long. 10 mil. Lat. 3 $^1/_2$ mil.

Cette Cicindèle étant placée à faux jour, paraît entièrement bleue; elle offre cependant en dessus plusieurs couleurs métalliques brillantes, où le rouge cuivreux et le vert dominent. *Tête* grosse, très-fortement déprimée et ridée en dessus, d'un rouge et d'un vert métalliques très-vifs. *Palpes* fauves, obscurs vers le bout. *Mandibules* couleur de poix. *Lèvre* de même couleur, avancée et se terminant en pointe aiguë, munie de sept dents. *Chaperon* angulaire; ligne profonde, allant d'une antenne à l'autre. *Antennes* grêles, longues de la moitié du corps, de couleur de poix obscuré; le troisième article est très-long, cambré; son sommet et celui du quatrième, avec la base du deuxième, jaunâtres. *Yeux* pâles, fort grands. *Corselet* plus long que large, cylindrique, droit et très-étranglé aux extrémités; ligne dorsale peu profonde; il est très-brillant et lisse, d'un bleu d'azur sur les côtés, avec le dos d'un cuivreux doré, quelques faibles rides transverses. *Ecusson* bleu, grand, triangulaire, ridé en travers. *Elytres* du double plus longues que le corselet, de la dimension de la tête, y compris les yeux, parallèles, coupées obliquement au sommet, faiblement arrondies avant la suture; épine très-petite à l'extrémité de cette dernière; elles sont couvertes de gros points scabreux, contigus : deux taches marginales blanches, première au-delà du milieu, deuxième apicale. Dessous du *corps* glabre, très-uni, d'un beau bleu. *Pattes*, trocanters et appendices couleur de poix; les cuisses sont couvertes de poils, et leur base est plus pâle; trocanters antérieurs verts. Tarses noirâtres.

J'avais nommé cette belle espèce *Dejeanii;* mais ayant eu connaissance depuis que ce nom avait été employé dans le *Bulletin des sciences naturelles de Moscou* pour un insecte de ce genre, je me suis vu forcé de le changer.

Trouvée en terre chaude, à Tutepec, par le jeune Sallé, près des chemins, pendant le mois de juin. Elle appartient à la première division de Dejean. Se placera près de la *Cic. varians* de M. Gory.

(8e fascicule. Septembre 1835.)

Pentamère. — Carabique.

17. CICINDELA, *Linné, Fab. Dej.*

UNÍCOLOR, *Dej. Sp.* t. I, p. 52.

Cœruleo-violacea, nitens, viridis infrà. Mandibulis, apicibus exceptis, et labio flavis. Capite ovato, antrorsum violaceo, suprà rugato. Thorace vix longiore latitudine, sulcis duobus lineaque dorsali impresso. Elytris brevibus, convexis, punctulatis, singulo coleoptero punctis ordinatis uni-striato.

Long. 12 mil. Lat. 5 mil.

Cet insecte me paraît devoir être rapporté à la *Cic. unicolor* de Dejean, des Etats-Unis, quoique sa taille soit moins forte et qu'elle offre quelque dissemblance dans la disposition de ses couleurs. Elle est d'un bleu très-éclatant, avec reflets violacés; les palpes et le dessous du corselet sont d'un beau vert brillant, l'abdomen et la poitrine d'un vert bleuâtre. *Tête* arrondie, lisse, bleue en avant et en arrière, violacée, ridée au milieu en dessus et au-dessous des yeux, un point enfoncé sous la base des antennes. *Mandibules* fort aiguës, jaunes, noires et verdâtres à l'extrémité, avec les dents internes de même couleur. *Lèvre* jaune, transverse, trois dents angulaires avancées, quatre points et quelquefois six près du bord, lequel est noir. *Chaperon* rentrant angulairement sur la tête. *Antennes* noirâtres, les quatre premiers articles d'un bleu très-vif; troisième et quatrième avec leur commencement vert, couverts de longs poils blancs, le premier surtout. *Yeux* bruns. *Corselet* un peu plus long que large, droit en avant et en arrière, élargi sur le côté entre les sillons transverses, l'antérieur est plus éloigné du bord; ils sont profonds et la partie centrale entre la ligne dorsale est élevée, carène latérale arrondie sur le devant, le dessous avec de longs poils blancs. *Ecusson* large, arrondi triangulairement. *Elytres* courtes, guère plus longues que la tête et que le corselet ensemble, aussi larges que la première, y compris les yeux; convexes, arrondies sur l'épaule et le sommet, pointillées; une série de points espacés, assez voisine de la suture; marge rebordée, extrémité de la suture verte, avec une épine à peine sentie. Dessous du *corps* et *pattes* d'un vert très-brillant; le troisième segment abdominal s'avance sur le côté, en pointe de croissant sur le quatrième. Je ne connais point la femelle.

Trouvée par nos voyageurs, aux environs de Mexico, pendant le mois de juin.

(8e fascicule. Septembre 1835.)

Pentamère. — Carabique.

18. CICINDELA, *Linné, Fab. Dej.*

CATHARINÆ, *Chevrolat.*

Viridi-amœna, subtus albo-pilosa viridi-cyanescens. Thorace sub-quadrato, rotundato marginibus, sulcis duobus lineaque dorsali impresso. Elytris margine flava, semel, aliquotiesque bis interrupta; lunula apicali integra. Pedibus auro-cupreis.

Var. β. *Lunula humerali a margine sejuncta.*

Var. γ. *Fascia subito in hamum obsoletum recurvata.*

Long. 9 ½ mil. Lat. 4 ¾ mil.

Elle est d'un vert tendre. *Tête* aplatie, assez large, peu ridée en dessus, bleuâtre en avant. *Palpes* labiaux d'un jaune pâle; dernier article et les deux terminaux des maxillaires verts. *Mandibules* jaunes, à l'exception de l'extrémité, qui est d'un noir verdâtre. *Lèvre* renflée dans sa longueur, droite sur les côtés, angulaire en avant, moins et inégale chez la femelle; bord noirâtre; six points avec poils. *Chaperon* de forme un peu cintrée; faible ligne en dessus. *Antennes* brunâtres, les quatre premiers articles d'un cuivreux plus ou moins sombre, le troisième est le plus long et à peine plus grand que le cinquième; elles ont la moitié de la longueur du corps. *Yeux* d'un brun livide. *Corselet* plan, un peu plus haut que large, droit sur la base, avec les extrémités faiblement recourbées, droit au sommet, côtés antérieurs arrondis; il est finement granuleux, faiblement élevé entre la ligne dorsale et les sillons; celui près de la tête part des angles, rentre angulairement sur la ligne, qui est étroite, enfoncée, le sillon inférieur rapproché du bord, celui-ci est moins droit chez la femelle. *Ecusson* triangulaire, un peu arrondi dans la femelle, d'un vert plus clair que sur les élytres. *Elytres* guère plus larges que la tête, y compris les yeux, deux fois et demie aussi longues que le corselet, en ovale allongé, parallèles, arrondies vers le bout de la marge; épine courte, aiguë sur la suture; marge jaune, interrompue en dessus de la lunule apicale; on aperçoit à son milieu un commencement de bande qui se recourbe aussitôt en hameçon, mais le plus souvent il n'existe que le rudiment d'une bande attenant à la marge, avec un point obsolète en dessous; d'autres fois, mais rarement, la lunule humérale est séparée de la marge et son extrémité n'est pas avancée; leur rebord extérieur est mince et vert; elles ont une ponctuation peu profonde, assez espacée, paraissant granuleuse. Dessous du *corps* d'un vert métallique, couvert de poils blancs, courts et épais. *Pattes* d'un cuivreux doré; genoux quelquefois d'un rouge brillant, les trois tarses antérieurs du mâle assez longs. La femelle a, dans quelques individus, la poitrine rouge.

Se placera près des *Cic. vicina* et *dorsalis* de Dej.

Je dédie cette charmante Cicindèle à Mme Catherine Caillard, veuve Sallé, par qui elle fut prise, sur la route de Mexico, pendant le mois de juin. Cette femme intrépide a trouvé, pendant son séjour, une très-belle suite d'insectes rares et remarquables.

Pentamère. — Carabique.

19. CICINDELA, *Linné, Fab. Dej.*

SMARAGDINA, *Chevrolat.*

Viridi-sericea, lateribus micans. Mandibulis, apicibus exceptis, et labio eburneis. Capite lato, suprà depresso. Thorace brevi, sulcato basi et apice, sub-rugato et sub-piloso marginibus. In medio elytrorum linea irregulari atra. Corpore subtus cœruleo.

Long. 9—10 mil. Lat. 3 $^1/_2$—4 $^1/_2$ mil.

D'un vert émeraude mat, très-brillant sur les côtés. *Tête* large et déprimée en dessus, à peine ridée, bleue en avant, chaque base des antennes d'un vert clair brillant. *Palpes* d'un vert métallique. *Mandibules* jaunes, noires à l'extrémité. *Lèvre* jaune, élevée dans son milieu, droite latéralement, arrondie et inégale en devant : six points avec poil, dont quatre au centre. *Antennes* d'un brun noirâtre, les quatre premiers articles d'un vert et rouge cuivreux. *Yeux* d'un brun livide. *Corselet* court, arrondi sur les côtés, ceux-ci brièvement poilus; droit aux extrémités et un peu avancé sur le milieu de la tête, les deux sillons transverses rapprochés des bords, ligne dorsale peu distincte; il est très-finement scabreux. *Ecusson* large, triangulaire. *Elytres* de la largeur de la tête, y compris les yeux, parallèles, légèrement élargies vers le sommet, un peu convexes; épine aiguë sur la suture; elles offrent des points espacés de forme porreuse et sont d'un vert mat velouté; la marge est très-brillante ; sur le milieu de chaque étui est une ligne longitudinale, irrégulière, courte, noire. Dessous du *corps* d'un beau bleu. *Epipleures* et *pattes* d'un vert brillant.

Trouvée par nos voyageurs, sur la route de la Véra-Cruz à Mexico, pendant le mois de juin; elle est difficile à saisir. Viendra près de la *Cic. brevicollis* de Wiedemann.

(8e fascicule. Septembre 1835.)

Pentamère. — Carabique.

20. CICINDELA, *Linné*, *Fab. Dej.*

VIATICA, *Chevrolat.*

Viridis, labio, mandibulisque lateribus basi eburneis. Antennis atris, quatuor primis articulis viridibus. Capite depresso, longitudine rugato. Thorace marginibus rotundato, sulcis duobus transversalibus tenuibus, linea dorsali haud integra, profunda. Elytris ob-ovalibus, convexis, punctatis, cum linea punctorum ordinatorum. Pedibus hirsutis, viridi-obscuris. Abdomine sub-violaceo.

Long. 11 mil. Lat. 4 ½ mil.

D'un beau vert uni et foncé. *Tête* déprimée, ridée régulièrement en dessus dans sa longueur. *Palpes* d'un vert obscur. *Mandibules* jaunâtres, noires à l'extrémité. *Lèvre* d'un jaune d'ivoire, arrondie et inégale sur ses bords, dent très-faible en avant; six points, quatre au centre et un sur chaque côté, munis chacun d'un poil. *Chaperon* presque droit. *Yeux* livides. *Antennes* noirâtres, les quatre premiers articles d'un vert métallique. *Corselet* aussi haut que large, droit aux extrémités, aplati, élargi et arrondi sur le milieu latéral; deux faibles sillons transverses éloignés du haut et du bas, surtout l'antérieur ; ils rentrent angulairement sur la ligne dorsale ; celle-ci s'arrête sur un point qui est situé dans le sillon de la base. *Ecusson* triangulaire. *Elytres* ovalaires, convexes, munies d'une très-petite épine sur le sommet de la suture ; elles sont d'un vert qui, quelquefois, devient bleuâtre sur la marge, plus ou moins ponctuées et offrent une série de points qui avoisinent la suture ; dépression basale en dedans de l'épaule. Dessous du *corps* d'un bleu violacé. *Pattes* hérissées de poils courts ; genoux cuivreux ; jambes d'un vert métallique. *Tarses* noirâtres. Mâle.

Trouvée par nos voyageurs, sur la route de Mexico à la Véra-Cruz, en juin. Se placera près de la *Cic. 6-guttata* de Fab.

(8e fascicule. Septembre 1835.)

Pentamère. — Carabique.

2. GALERITA.

NIGRA, *Chevrolat.*

Nigra, nitida, capite sub-coriaceo, longitudine costato. Thorace plano, sub-longiore latitudine, rotundato et laxato lateribus anticis, caveato in angulis posticis, subpunctato, linea dorsali exigua, marginibus tenuibus. Elytris longis, subquadratis, cum multicostulis, inter quas duabus minutissimis, intervallis transversè exigue rugatis et punctulatis. Corpore subtus punctulato. Tibiis tarsisque nigro-fuscis.

Long. 18 1/2 mil. Lat. 6 1/2 mil.

Grandeur de la *Galerita geniculata* de Dej. *Tête* arrondie, ponctuée, rugulense; côte longitudinale en dessus. *Palpes* d'un noir terne; articles terminaux roux. *Mandibules* noires. *Lèvre* transverse, à peine sinuée en avant. *Chaperon* droit. *Antennes* dépassant le milieu des élytres, brunes, les quatre premiers articles noirs. *Yeux* blanchâtres. *Corselet* plan, un peu plus long que large, ayant à son sommet la dimension de la tête, y compris les yeux, rétréci en arrière, droit sur la base; celle-ci offre un enfoncement incliné en arrière et sur le bord de chaque angle; il est arrondi antérieurement; échancré de la largeur de la tête en avant ; marge mince ; ligne dorsale étroite, non entière ; couvert d'une ponctuation ruguleuse, transverse ; bord postérieur garni de poils roux. *Ecusson* en cône allongé. *Elytres* ayant une fois et demie la longueur de la tête et du corselet réunis, du double plus larges que ce dernier à leur extrémité ; elles sont élargies vers le milieu, tronquées par le bout et rectangulaires sur la suture : chaque étui avec sept petites côtes entières, entre lesquelles il y en a deux moins élevées, et dont le nombre est de huit paires ; leur fond offre de très-fines rides transverses, avec de très-petits points en ligne ; ces rides leur donnent un aspect chatoyant et elles sont d'un noir terne, quoique luisant. *Epipleures* inclinés, faiblement marginés sur la poitrine, pointillés, de même que le dessous du *corps*. *Pattes* noirâtres, à pubescence courte ; cuisses faiblement ruguleuses. Jambes et tarses brunâtres.

Trois exemplaires seulement ont été trouvés par nos voyageurs, aux environs de Mexico. Se placera près de la *Gal. geniculata* de Dejean ; elle en a la forme et la taille.

(8e fascicule. Septembre 1835.)

Pentamère. — Carabique.

1. AGRA.

RUFOÆNEA, *Chevrolat.*

Statura Agræ tristis *Dejeanii. Lævis, rufo-obscura. Capite longissimo, in collum postice attenuato, cum foveis duabus rugatis de antennis ad oculos. Thorace longitudine capitis, plano, carinato et sulcato lateribus, marginato et strangulato basi, angustiore antice, linea dorsali impressa, transversè subrugata, seriebus duabus punctorum. Elytris cum* 18 *striis valdè punctatis, duabus brevibus infrà scutellum. Corpore pedibusque piceo-nigris, nitidis.*

Long. 20 ½ mil. Lat. amplissima 6 mil.

Tête fort allongée, aplatie, quoique légèrement convexe, arrondie carrément en arrière, lisse, atténuée en col étroit par derrière; deux fossettes latérales assez larges et profondes, partant de la base des antennes jusqu'aux yeux, ayant quelques rides. *Palpes* et *mandibules* d'un brun obscur. *Lèvre* aplatie, en carré un peu transverse, quatre points sur le devant. *Chaperon* droit. *Antennes* pubescentes, d'un brun terne, les trois premiers articles lisses; elles dépassent le corselet. *Yeux* d'un livide obscur. *Corselet* de la longueur de la tête, droit et fortement rebordé sur la base, sillonné en dessus, caréné sur les côtés, profondément et étroitement creusé sur le bord, moins large près de la tête; ligne dorsale ridée en dehors, profonde; une série de points espacés entre la ligne et la marge; il est plan; les angles postérieurs sont étroitement anguleux. *Ecusson* petit, arrondi en arrière, déprimé au centre. *Elytres* deux fois et demie de la longueur du corselet, arrondies obliquement sur l'épaule, parallèles, un peu plus larges à partir du milieu, tronquées, l'extrémité de la marge et de la suture rectangulaires; chaque étui ayant neuf stries entières et une raccourcie sous l'écusson; ces stries sont formées par des points de moyenne grosseur, ronds, assez profonds; leur bout offre un renflement oblique, depuis la deuxième jusqu'à la septième strie, les deux suturales enfoncées; interstices élevés, lisses. *Epipleures* creusés, bordés le long de la poitrine. Dessous du *corps* et *pattes* luisans, sans points. Jambes pubescentes; sept segmens abdominaux; quelques rides petites ou lignes longitudinales; stigmates enfoncés. Femelle.

Unique. Trouvée par Mme Sallé, à Cordova, sous une écorce, pendant le mois de septembre.

(8e fascicule. Septembre 1835.)

Pentamère. — Carabique.

2. AGRA.

OBLONGOPUNCTATA, *Chevrolat.*

Nitida, metallico-obscura. Capite nitidissimo, angusto, foveolis duabus anticis. Thorace longitudinem capitis una et sesqui efficiente, sub-plano, quatuor seriebus punctorum, duabus marginalibus cum punctis confertis. Elytris punctato-substriatis (punctis elongatis), cum extremitate truncata, rotundata in suturam. Corpore subtus æneo-nitido.

Long. 16 mil. Lat. 3 ½ mil.

Brillante, d'un bronzé obscur. *Tête* très-unie, noirâtre, étroite, allongée et arrondie; deux fossettes longues à la base interne des antennes. Dernier article des *palpes* maxillaires très-fortement en hache, celui des labiaux filiforme. *Mandibules* simples, modérément avancées et courbées, d'un brun de poix. *Lèvre* un peu plus transversale que carrée, ligne transverse sur le milieu; trois points en avant, l'un au centre et les autres à chaque angle. *Chaperon* droit, abaissé. *Antennes* dépassant le corselet, pubescentes, les quatre premiers articles d'un métallique un peu plus brillant que les suivans. *Yeux* d'un gris livide. *Corselet* une fois et demie aussi long que la tête, plus étroit et atténué près du sommet, droit, rebordé sur la base, également droit et entourant la tête; carêne latérale formant le rebord marginal, côte dorsale saillante à la partie antérieure : des quatre rangées de points, les deux intérieures ont quelques points non alignés; les deux autres en offrent de confondus entre eux. *Ecusson* arrondi par le bas, lisse. *Elytres* du double du corselet en longueur, coupées obliquement sur l'épaule, parallèles, un peu élargies passé le milieu, tronquées à l'extrémité, arrondies sur le milieu de la suture; chaque étui avec sept ou huit rangées de points oblongs, distans, le fond de ces points est bleuâtre; marge saillante, verte. *Epipleures* rebordés sur la poitrine. Dessous du *corps* d'un bronzé cuivreux, le corselet seul cuivreux. Sept segmens abdominaux sur lesquels existent des dépressions longitudinales; le dernier est évasé à son extrémité. Cuisses brillantes; jambes pubescentes, brunâtres; antérieures échancrées, postérieures non totalement droites. Tarses velus sur leurs bords; crochets robustes, dentelés.

Des environs de la Véra-Cruz. Trouvée par Mme Sallé, sur des feuilles. Voisine de l'*Agra gemmata* de Klug.

(8e fascicule. Septembre 1835.)

Pentamère. — Carabique.

8. LEBIA, *Latreille.*

QUADRINOTATA, *Chevrolat.*

Rubidula. Antennis basi exceptâ, tibiis et tarsis nigris. Elytris quatuor maculis nigris; sub-striatis, interstitiis crebrè punctulatis.

Long. 10 ½ mil. Lat. 6 mil.

Grandeur de la *Leb. dorsalis* de Dejean, d'une couleur entre le rouge et le jaune, et d'un beau rouge de son vivant. *Tête* lisse, inégale et pointillée en avant; deux sillons le long des yeux. *Palpes* noirâtres, brunes au sommet. *Mandibules* jaunes, creusées latéralement. *Lèvre* en carré transverse, pâle. *Chaperon* droit. *Antennes* noires, atteignant les genoux des pattes médianes; les deux premiers articles et plus de la moitié du troisième d'un roux clair. *Yeux* livides ou noirâtres. *Corselet* transverse, droit à la base, avancé et coupé droit sur l'écusson, largement creusé, relevé sur les côtés, faiblement cintré sur la tête, déprimé au-dessous du bord antérieur dans le milieu, convexe et finement crevassé sur le dos. *Ecusson* petit, triangulaire. *Elytres* en carré long, plus larges que la tête et que le corselet, tronquées obliquement sur le sommet de la suture, le bord terminal noir : chaque étui avec sept ou huit stries formées de très-petits points tout-à-fait contigus ; interstices à ponctuation multipliée ; marge ayant une série de gros points ; deux taches noires, l'une vers le milieu, assez rapprochée du bord, s'étendant au-delà des quatrième à la septième stries, en partant de la suture ; l'autre avant l'extrémité, allant au-delà des deuxième à la quatrième. *Epipleures* jaunes. Dessous du *corps*, cuisses et trocanters d'un rougeâtre luisant. Jambes et tarses noirs.

Trouvée par nos voyageurs, à Tutepec, en terre chaude, pendant le mois de juin, sur des arbrisseaux en fleur.

(8e fascicule. Septembre 1835.)

Pentamère. — Carabique.

1. DYSCOLUS, *Dej. Sp. Brullé.*

ACUMINATUS, *Chevrolat.*

Lævis, ruber. Elytris sub-violaceis acutè bispinosis cum 14 striis sulcatis, duabusque scutellaribus brevibus.

Long. 12 ½ mil. Lat. 4 ½ mil.

Lisse, d'un rouge pâle. *Tête* allongée, atténuée en arrière en long col cylindrique, deux fossettes assez larges entre les antennes, allant jusqu'à la hauteur des yeux. *Palpes* longs. *Mandibules* un peu plus obscures au sommet, creusées latéralement. *Lèvre* en carré un peu transverse. *Chaperon* droit. *Antennes* grêles, dépassant le milieu des élytres; chaque article muni de quelques poils au sommet, ils sont longs et égaux à partir du troisième. *Corselet* une fois et demie aussi long que large à sa partie la plus étroite, plan, droit aux extrémités, arrondi et élargi à sa partie antérieure, côtés légèrement relevés, sillon transverse près du bord postérieur, réuni à deux fossettes étroites, profondes, obliques en dessus, rapprochées de l'angle; ceux antérieurs peu avancés; deux poils latéraux longs, l'un au milieu, l'autre sur la base. *Ecusson* petit, triangulaire, rouge. *Elytres* trois fois aussi larges que la partie la plus étroite du corselet, longues, arrondies carrément sur l'épaule, parallèles, amincies et terminées chacune par une épine aiguë, formant à elles deux un angle sur le dedans de la suture; elles sont violacées, unies, faiblement convexes, quatorze stries entières et deux courtes le long de l'écusson; ces stries sont sillonnées et laissent voir quelques points peu distincts. Celle marginale avec une série de points moyens la débordant en dessous, les six suturales réunies par deux, les dernières plus remontées à mesure de leur éloignement; un point enfoncé sur la deuxième, et cela avant le milieu. *Epipleures* larges à leur départ, lisses, inclinés. Dessous du *corps* et pattes rouges; crochets des tarses simples, grands. Six segmens abdominaux.

Pris en petit nombre par nos voyageurs, en divers pays, sur des feuilles.

(8e fascicule. Septembre 1835.)

Pentamère. — Carabique.

1. CATASCOPUS, *Kirby*, *Dej. Spéc.*

OBSCUROVIRIDIS, *Chevrolat.*

Atro-virens, nitidus. Palpis antennisque basi obscure piceis. Mandibulis, corpore pedibusque nigris. Capite bisulcato. Thorace subcordato, transversè rugato. Elytris elongato-quadratis, parallelis, cum 18 striis punctatis, his truncatis et productis in sutura.

Long. 12 mil. Lat. 4 $^3/_4$ mil.

Il est d'un vert foncé, brillant en dessus. *Tête* allongée, ovalaire, faiblement convexe, unie, deux sillons assez larges et longs, ridés en dehors, situés entre les yeux, un point sur le milieu du bord de ces derniers. *Palpes* d'un roux ferrugineux, lisse. *Mandibules* noires, avancées, courbées au sommet, creusées entièrement sur le côté. *Lèvre* fort longue, de forme conique, fendue en avant avec six points et poils. *Chaperon* faiblement angulaire. *Yeux* pâles. *Antennes* un peu plus longues que le corselet, brunâtres, les quatre premiers articles d'un roux luisant. *Corselet* aussi haut que large, droit à la base, relevé extérieurement sur l'angle, élargi et arrondi aux côtés antérieurs; l'angle antérieur s'avance le long du col, il s'arrondit en dedans et est droit sur la tête;

ligne dorsale profonde réunie à une ligne transverse, placée près du bord antérieur, rides entières, côtés minces, relevés, sillonnés. *Ecusson* tenant de la forme triangulaire et de l'arrondie. *Elytres* deux fois et demie aussi longues que le corselet, du double plus larges, parallèles, coupées obliquement sur le sommet de la suture, chaque étui avec neuf stries entières et une petite le long de l'écusson; ces stries sont formées de petits points réguliers assez profonds, les six suturales réunies par deux vers le bout. *Epipleures*, dessous du *corps* et *pattes* noirâtres, appendices et trocanters d'un ferrugineux obscur. L'abdomen déborde les élytres et fait voir quelques longs poils.

Unique. Des environs de Mexico; pris par nos voyageurs. Devra se placer avant le *Cat. brasiliensis* de Dejean.

(8e fascicule, Septembre 1835.)

Pentamère. — Carabique.

PANAGÆUS, *Lat.*, *Dej.*

QUADRISIGNATUS, *Chevrolat.*

Hirsutus, niger, profundè punctatus, affinis Pan. 4-*pustulato* Sturmii, *sed plus triplo major. Capite minuto. Thorace nigro-brunneo, rotundè angulato medio lateribus. Elytris cum quatuor notis transversalibus rubris, anterioribus majoribus; his cum* 16 *striis e punctis impressis.*

Long. 11 1/2 mil. Lat. 5 mil.

Couvert d'un poil roux, épais et raide. *Tête* très-petite, aplatie, noire, lisse en avant, ponctuée en arrière, deux sillons limités au bord des yeux. *Antennes* d'un brun noirâtre, de la longueur du corselet. *Yeux* pâles. *Corselet* transverse, très dilaté sur le côté, et formant au milieu un angle arrondi; droit aux extrémités, ligne dorsale peu distincte, deux petites dépressions près de l'angle postérieur; il est aplati et couvert de gros points scabreux. *Ecusson* petit, triangulaire. *Elytres* un peu plus larges que le corselet, convexes, arrondies toutes deux sur le sommet, seize stries régulières formées de gros points scabreux, deux en plus, très-courtes le long de l'écusson, interstices finement raboteux, quatre taches rouges, la première est grande, transverse, part de la première strie suturale et s'étend jusqu'à la marge, elle s'avance en dessous entre les quatrième et cinquième stries et est plus large à l'épaule; la seconde part de la même strie, mais elle est fermée par la marge et est plus étroite. Dessous du *corps* couvert de gros points profonds. *Pattes* pointillées, à pubescence rousse.

Un seul exemplaire a été trouvé en juin, par le jeune Sallé, près de Mexico, sur la route allant à la Véra-Cruz.

(8e fascicule. Septembre 1835.)

Pentamère. — Carabique.

9. CHLÆNIUS, *Bonelli.*

HERBACEUS, *Chevrolat.*

Viridi-herbaceus supra, niger infra. Labio, palpis, antennis pedibusque flavis. Thorace longiore latitudine, punctis impressis, basi bi-foveato. Elytris ovalibus, cum 18 striis integris, intus punctulatis, duabusque scutellaribus brevibus.

Long. 13—13 $^1/_2$ mil. Lat. 5 $^1/_2$—6 mil.

Grandeur du *Chl. velutinus de* Duft. D'un vert herbacé foncé, couvert d'une pubescence rousse, noirâtre en dessous. Lèvre, palpes, antennes et toutes les parties des pattes d'un jaune un peu rougeâtre. *Tête* arrondie, lisse en avant, ponctuée en arrière, deux enfoncemens ponctiformes et une ligne transverse entre les antennes, autre ligne longitudinale courte sur son milieu. *Mandibules* de couleur de poix noirâtre, creusées latéralement. *Lèvre* en carré transverse, six points avec poils près du bord. *Chaperon* droit, d'un vert lisse. *Antennes* dépassant le milieu du corps. *Yeux* ronds, pâles. *Corselet* une fois et demie à peu près aussi long que large, de la dimension de la tête y compris les yeux, droit aux extrémités, faiblement arrondi sur le côté, avant le milieu et sinueux près de l'angle postérieur; celui-ci est d'un rectangulaire, oblique sur le dedans de la base, ligne dorsale étroite, presqu'entière, deux fossettes droites appuyées à la base, rapprochées du bord et ayant plus du tiers de sa longueur; il est abaissé, convexe en avant, couvert de gros points rapprochés, profonds. *Ecusson* lisse, triangulaire, noirâtre. *Elytres* d'un vert foncé, noirâtre sur le dos, deux fois et demie aussi longues que le corselet et ayant à leur milieu trois fois sa largeur, ovalaires, arrondies sur l'extrémité : chaque étui avec neuf stries entières, celle marginale est peu marquée, une en plus le long et au-dessous de l'écusson; ces stries sont étroites, avec de petits points dedans.

Le mâle est mince, d'un vert moins obscur et les stries sont plus nettement ponctuées.

Un seul accouplement a été pris par nos voyageurs, près de Mexico, pendant le mois de juin. Se placera après le *Ch. sericeus* auquel il ressemble assez, mais les points très-profonds des élytres le font distinguer aisément de cette espèce.

(8e fascicule. Septembre 1835.)

Pentamère. — Sternoxe.

4. ACMÆODERA, *Esch.*, *Solier.*, *Dej.*

STELLARIS, *Chevrolat.*

Ærea, sub-violacea, profundè punctata, pubescens. Thorace marginibus flavis. Elytris nigris, striis valdè punctatis, sulcatis et serratulis apice, cum lateribus notulisque plurimis flavis.

Long. 11 mil. Lat. 4 mil.

Taille de notre *Acm. viridissima*, plus étroite, assez semblable au *Volvulus* de Fab., mais trois fois plus grande, d'un bronzé rougeâtre. *Tête* arrondie sur le front, couverte d'un poil court, épais, blanchâtre. *Chaperon* de forme à peu près triangulaire, très-aigu sur chaque côté. *Antennes* en scie en dessous, d'un bronzé noirâtre, les quatre premiers articles plus brillans. *Yeux* jaunes, ovalaires, appuyés sur le bord du corselet. *Corselet* plus large que haut, presque carré, plus étroit antérieurement, droit et cannelé sur la base, rectangulaire avec les angles aigus, droit et entourant semi-cylindriquement la tête, les angles antérieurs peu avancés, abaissés, marge latérale jaune, relevée sur le bord, dépression étroite en dessus de l'écusson; il est incliné et caréné sur les côtés, d'un cuivreux rougeâtre, couvert de points assez gros, rapprochés, profonds. *Ecusson* nul. *Elytres* plus larges, à leur déart, que le corselet, deux fois et demie aussi longues que la tête et que le corselet ensemble, allant insensiblement en diminuant, atténuées, avancées à l'extrémité, dentelées en marge, celle-ci est presque entièrement d'un jaune gomme-gutte; le dessus a un assez grand nombre de petites taches irrégulières de même couleur. Chaque étui avec 9 stries et deux raccourcies, sur le haut de la suture; elles sont presque contiguës près du bord; ces stries sont formées de points profonds, deviennent sillonnées passé le milieu, celle suturale l'est entièrement, interstices plus espacés et ponctués vers le dos. Dessous du *corps* et *pattes* d'un bronzé rougeâtre assez brillant; cinq segmens abdominaux, le premier est le plus grand.

Cette espèce est beaucoup plus allongée à l'extrémité des élytres que les espèces que j'ai décrites jusqu'à ce jour.

Unique. Prise par nos voyageurs aux environs de Mexico, pendant le mois de juillet.

(8e fascicule. Septembre 1835.)

Pentamère. — Sternoxe.

3. CHRYSOBOTHRIS, *Esch. Sol.*

ACUTIPENNIS, *Chevrolat.*

Ænea, nitida, punctulis sub-coriaceis impressa. Capite costulato longitudine, pilis albis. Thorace una et sesqui latitudine longitudinem efficiente, recto lateribus, cum parte anteriore obliquè truncata, sub angulosè cavato ponè marginem. Singulo coleoptero 3-costato, cum tribus foveis geminis longitudinalibus, aculeato in apice costæ suturalis. Femoribus anticis valdè calcaratis.

Long. 15 mil. Lat. 6 mil.

D'un bronzé cuivreux brillant, entièrement couverte de petits points serrés, assez profonds, élevés près des bords, plus petite que notre *Chrysob. rectithorax*. *Tête* coupée-droit, légèrement convexe en avant, à duvet blanc, brillante et ponctuée sur le front, côte longitudinale étroite. *Lèvre* verte, arrondie, poilue sur le devant. *Chaperon* faiblement échancré, recourbé sur chaque côté. *Mandibules* noires, lisses, vertes, ponctuées à la base. *Antennes* ne dépassant pas le corselet, cuivreuses, en nœuds, à partir du quatrième article, le troisième est plus long que le premier. *Yeux* d'un brun obscur, étroits, oblongs, placés obliquement, appuyés par le haut sur le bord du corselet. *Corselet* une fois et demie aussi large que haut, biarqué à la base, droit sur l'écusson, droit sur le côté et élargi aux deux tiers, coupé ensuite obliquement en avant, également droit sur la tête avec les angles antérieurs peu avancés, arrondis, abaissés; près de cet endroit existe une dépression angulaire, profonde, ayant l'ouverture opposée à cet angle, le milieu du dos est très-luisant, finement pointillé, les bords avec de forts points offrant des nervures. *Ecusson* étroit, long et aigu. *Elytres* deux fois et demie aussi longues que la tête et que le corselet, beaucoup plus larges, arrondies en dedans sur l'écusson, obliques sur l'épaule, rétrécies, dentées à partir des deux tiers : chaque étui a trois côtes vertes, celle suturale droite, formant une pointe aiguë coupée obliquement sur le dedans de la suture, deuxième s'arrêtant avant l'extrémité, la troisième est brisée et suit la marge à distance égale vers le bout; on aperçoit entre les deux côtes extérieures, trois enfoncemens doubles, celui interne de la base très-profond, l'huméral transverse, les quatre autres offrent en-dessus et en-dessous des parties d'un vert foncé ; elles sont légèrement convexes, abaissées sur les côtés. Dessous du *corps* d'un cuivreux rougeâtre, couvert de points et poils blancs. Les quatre cuisses antérieures à points raboteux en forme d'écailles, celles de devant munies d'un large éperon, postérieures simplement ponctuées, courtes ; les quatre premières jambes arquées, celles de derrière une fois et demie aussi longues que leurs cuisses, toutes terminées par deux épines raides; tarses verts, premier article aussi long que tous les autres. Quatre segmens abdominaux, bleuâtres sur le bord terminal, premier très-long. Le dernier, dans le mâle, a son extrémité évasée en cintre, avec deux carènes longitudinales et tout l'abdomen est déprimé dans sa longueur ; dans la femelle ce dernier segment n'a qu'une côte longitudinale, et dans les deux sexes on voit à chaque bout une épine.

Trouvé à Tuspan, par nos voyageurs, sur du bois mort.

(8e fascicule. Septembre 1835.)

Pentamère. — Sternoxe.

6. STENOGASTER, *Solier.*

CATHARINÆ, *Chevrolat.*

BUP. BIFASIATA, Gray, in the Animal Kingdom.

Aureus, angustus et planatus. Capite sulcatissimo. Thorace transversè rugato, profundè foveato longitudine. Elytris cum tribus lineis longitudinalibus, duabusque fasciis transversis antè apicem nigris; extremitatibus cupreo-aureis, spinosis. Corpore subtus æneo. Singulo segmento abdominis cum notula leucophœa laterali.

Long. 10—12 ½ mil. Lat. 2—3 mil.

Ce coléoptère est peut-être le plus élégant de ce genre; il est allongé, aplati, d'un cuivreux doré. *Tête* largement et profondément sillonnée en longueur avec une ligne transverse enfoncée à sa partie antérieure. *Chaperon* étroit, semi-arrondi et droit sur le devant. *Antennes* légèrement en scie, d'un cuivreux métallique obscur. *Yeux* étroits, ovalaires, latéraux, bruns, cerclés de noir, ils sont appuyés sur le bord du corselet. *Corselet* aussi haut que large, bisinué sur la base, presque droit sur l'écusson, côtés droits, abaissés, bicarénés en dessous, relevés et creusés en marge; sillon dorsal très-profond; il est ridé transversalement. *Ecusson* transverse, de forme carrée, aigu par le bas, déprimé au centre. *Elytres* trois fois plus longues que la tête et que le corselet ensemble, planes, élargies aux deux tiers, munies de petites épines à l'extrémité : trois lignes noires y compris celle de la suture qui est commune, traversées près du bout par deux bandes également noires, et formant par leur croisement quatre taches pulvérulentes d'un blanc argenté, l'espace des lignes internes avec deux petites taches au-dessus de la dernière bande, également d'un blanc argenté, leur sommet est d'un rouge cuivreux très-vif. Dessous du *corps* pointillé et granuleux, d'un bronzé métallique clair et brillant; pattes de même couleur. Quatre segmens abdominaux, le premier est à lui seul plus long que les autres ensemble, ils ont tous sur le côté ainsi que sur celui de la poitrine une tache blanchâtre. Cuisses égales aux jambes, tarses noirâtres.

La partie inférieure du thorax offre une pièce qui se prolonge jusqu'au-delà des pattes antérieures, elle est ponctuée et arrondie à son extrémité.

Trouvé pour la première fois, par Mme Ve Sallé (Catherine), aux environs de la Véra-Cruz, au mois de mai, pendant le plus fort de la chaleur, sur les larges feuilles d'une plante qui ressemble à celles du tabac.

Le nom de *Bifasciata* qui lui a été donné par Gray, qui l'a fait figurer dans le *Reg. An. anglais*, devra être changé, attendu qu'Olivier a donné le même nom à une espèce du midi de la France, et que ces deux insectes se trouvent encore classés dans le genre *Agrilus* dans beaucoup de collections.

(8e fascicule. Septembre 1835.)

Pentamère. — Sternoxe.

7. STENOGASTER, *Solier.*

FOSSULATUS, *Chevrolat.*

Sub-elongatus, planus, viridis, pulvere albo tectus. Capite sulcato, bituberculato, cavato in fronte. Thorace latiore latitudine, marginato lateribus cum fossula discoidali profunda, singulo elytro uni-costato, spinoso apice.

Long. 10 mil. Lat. 3 mil.

Vert, doré, couvert d'une poussière blanche et d'un pointillé serré plus ou moins gros. *Tête* arrondie, ponctuée, sillonnée daus sa longueur; deux tubercules entre les yeux; dépression profonde au front. *Lèvre* ronde. *Chaperon* carré, prolongé sur les côtés en pointe aiguë, évasé sur le milieu. *Mandibules* noires au bout. *Antennes* moitié moins longues que le corselet, les trois premiers articles égaux, quatre à sixième triangulaires, suivans en scie. *Yeux* obscurs, tiquetés de noir, latéraux, étroits, appuyés sur le bord du corselet. *Corselet* assez fortement ponctué, une fois et demie aussi large que haut, biarqué sur la base, droit sur l'écusson, entourant cylindriquement la tête en devant, un peu élargi sur les côtés antérieurs, bicaréné en dessous, déprimé près de la marge, surtout en arrière des yeux, rebord latéral mince, dépression longitudinale ovalaire, élevée sur chaque côté. *Ecusson* d'un cuivreux doré brillant, en carré transverse, angulaire par le bas. *Elytres* trois fois aussi longues que le corselet, planes, rétrécies entre l'épaule et le milieu, diminuant faiblement vers l'extrémité, celle-ci est arrondie, dentée, uni-épineuse au sommet de la marge; dans l'autre sexe une seconde épine se voit sur la suture, côte longitudinale sur le milieu de chaque étui, dépression sur la base au côté interne de cette côte. Leur pointillé est fin, serré et scabreux. Dessous du *corps* d'un cuivreux doré brillant, à granulation légère et fine. Abdomen convexe, de quatre segmens lisses et seulement pointillés au milieu, le premier s'avance en pointe arrondie entre les pattes postérieures, est aussi long que tous les autres ensemble; la partie thoracique inférieure, plate, s'étendant entre les quatre pattes de devant, les quatre jambes antérieures égales aux cuisses, les postérieures ciliées de poils noirs.

Le premier article des tarses postérieurs dans l'un des sexes, est à lui seul plus grand que les autres réunis, quatre crochets.

Trouvé par nos voyageurs, à Tuspan, sur des feuilles roulées.

(8e fascicule. Septembre 1835.)

Pentamère. — Sternoxe.

1. MELASIS.

RUFIPALPIS, *Chevrolat.*

Affinis Melasi flabellicorni, *Fab. Nigro-carbonarius, granulosus. Capite convexo, magno, reticulato, punctato, anticè sulcato. Thorace subquadrato, angulis posticis, brevibus, acutis. Elytris striis sulcatis.*

Antennæ 11-*articulis, septem ultimis in mare flabellatis magis quam in femina.*

Long. 9 $^1/_2$ — 11 mil. Lat. 2 $^1/_2$ — 3 mil.

D'un noir de charbon. *Tête* arrondie, grosse, sillonnée en avant, élévation transverse vers le milieu, couverte d'assez gros points élevés en nervures sur leurs bords. *Palpes* roux. *Mandibules* petites, d'un noir lisse. *Antennes* plus courtes que le corselet, noires, de onze articles, premier logé dans une rainure située en dessus et un peu en avant des yeux; ceux-ci sont petits, ronds, aplatis. *Corselet* en carré élargi antérieurement, droit sur les quatre bords, avancé et arrondi sur les angles du haut, terminé en petite pointe aiguë sur ceux postérieurs, moins aigus chez le mâle, carène latérale saillante, allant en s'abaissant sur le devant, étroitement creusée sur la marge, petite ligne longitudinale sur le milieu de la base; il est élevé et tuberculeux. *Ecusson* de forme carrée, large, abaissé en devant, granuleux, petite côte longitudinale. *Elytres* de la largeur du corselet, plus longues dans la femelle, arrondies sur chaque étui, à l'extrémité la suture est épaisse;

plus angulaire à son sommet, dans le mâle ; chacun avec neuf stries sillonnées, les quatre suturales géminées jusqu'au-delà du milieu et réunies toutes deux ensuite en une seule, les interstices granuleux et transverses, devenant plus larges en se rapprochant de la marge ; celle-ci est aplatie et avancée sur la poitrine. *Pattes* trapues, aplaties. *Cuisses* postérieures dans le mâle moitié moins longues que les jambes ; ces dernières sont quelquefois, ainsi que les tarses, d'un brun couleur de poix ; leurs articles vont en diminuant de grosseur et de largeur, crochets simples, ayant au milieu de leur insertion une petite pièce arrondie et plate. Dessous du *corps* finement granuleux, poitrine longue, avancée et rétrécie sur la partie postérieure (la paire des pattes postérieures est insérée l'une à côté de l'autre), coupée obliquement dans la direction de l'épaule et faisant voir une cavité pour laisser agir et y loger les cuisses. Cinq segmens abdominaux, les quatre premiers égaux, droits, le milieu du dernier a, dans toute sa longueur, une élévation arrondie, terminée par un tube court tronqué par le bout.

Il est excessivement rapproché du *M. flabellicornis*, mais un peu plus grand ; il s'en distingue 1° par la tête qui est plus grosse et plus fortement ponctuée ; 2° par les antennes constamment noires (elles sont le plus souvent rousses dans l'espèce d'Europe) ; 3° par la ligne dorsale du corselet non entière, et enfin par sa granulation générale plus forte.

Trouvé par nos voyageurs, à Las Vigas, en terre froide, dans le bois pourri, au mois d'août.

(8e fascicule. Septembre 1835.)

Pentamère. — Sternoxe.

1. LISSOMUS, *Dalman.*

BICOLOR, *Chevrolat.*

Punctulatus, ruber. Antennis basi excepta. Thorace medio longitudine, scutello, elytris, epipleurisque nigris.

Long. 9 mil. Lat. 4 $^1/_2$ mil.

Ponctué à l'exception des pattes. Taille du *Lyss. punctulatus* de Dalman. *Tête* rouge, large, étroite. *Mentonnière* saillante, arrondie sur le bord. *Antennes* logées dans une rainure profonde, noires, de onze articles, les trois premiers rouges. *Yeux* d'un brun livide, ronds, enfoncés et couverts par le bord du corselet. *Corselet* plus large par le bas que haut, plus étroit au sommet, biarqué sur la base, parfaitement cintré sur la tête; angles antérieurs avancés, arrondis; il est convexe et abaissé antérieurement, de la couleur de la tête, avec le milieu longitudinal noir. *Ecusson* noir, plus que moyen, rond, enclavé dans le corselet. *Elytres* convexes, de la largeur de la base du thorax, deux fois plus longues que ce dernier, la tête comprise, amoindries et arrondies sur le bout sutural; marge épaisse, sillonnée peu après, ce sillon finit avant son extrémité; elles offrent de petits points enfoncés aussi distans en longueur qu'en largeur, et comme disposés en stries. *Epipleures* noirs, terminés aussitôt après la poitrine. Tout le dessous du *corps* rouge. *Pattes* lisses. Tarses courts, trois ont en dessous des lamelles angulaires sur chaque côté.

Trouvé par le jeune Sallé, à Tuspan, au haut d'une petite colline, sur des fleurs.

(8e fascicule. Septembre 1835.)

Pentamère. — Sternoxe.

2. CHALCOLEPIDIUS, *Esch. Dej. Cat.* 2[e]

DESMARESTI, *Chevrolat.*

Latus, flavo-cervinus, magnitudine El. sulcati, *Fab. Antennis cyaneis. Thorace latitudine longitudinis, vitta dorsali, cum limbo marginis, nigris. In elytris octo costis, sutura margineque nigris.*

Long. 40 mil. Lat. 14 ½ mil.

Cette espèce est, sans contredit, la plus grande et la plus belle du genre; couverte d'un duvet court, épais, d'un jaunâtre fauve. *Tête* arrondie, carrément déprimée. *Antennes* bleues, les trois premiers articles noirs. *Yeux* bruns. *Mentonnière* épaisse, très-avancée, arrondie sur le bord, noire. *Corselet* à peine plus long que large, bisinueux sur la base (bifurcation sur l'écusson, courte, cintrée), échancré sur la tête, avec le milieu du bord élevé, droit latéralement et bordé de noir; le dessus de l'angle postérieur saillant et oblique, arrondi antérieurement; bande dorsale assez large, noire, offrant quelques rides longitudinales, ainsi qu'une petite côte à son milieu. *Ecusson* arrondi, plus étroit par le haut. *Elytres* ayant un peu plus de deux fois la longueur du corselet, élargies en dessous et au delà de l'épaule, arrondies sur l'extrémité, angulaires sur le sommet de la suture, chaque étui avec quatre côtes noires, droites, entières; la base offre deux côtes brèves de chaque côté de la première suturale; les deux suivantes ont une tache rousse au delà du milieu. Dessous du *corps* de même couleur qu'en dessus; le milieu, à l'exception du dernier segment, est noir, de même que les tarses. *Abdomen* avec cinq anneaux, dont le pénultième est élevé, le dernier se termine par des poils noirs raides. Le bord latéral est canaliculé, noir, stigmates ponctiformes.

Trouvé par nos voyageurs en terre froide, à Orixaba, pendant le mois de septembre, sous une écorce.

Dédié à M. Anselme Desmarest, professeur à l'école royale d'Alfort, auteur de plusieurs ouvrages d'histoire naturelle fort estimés, et l'un des souscripteurs aux envois faits par nos voyageurs.

Pentamère. — Sternoxe.

3. CHALCOLEPIDIUS, *Esch. Dej. Cat.* 2e.

LAFARGI, *Chevrolat.*

Viridi-æruginosus. Antennis cyaneis. Limbo thoracis elytrorumque albo-niveis.

Long. 30 -- 35 mil. Lat. 12 — 14 mil.

Très-voisin de notre *Chalc. Eschscholtzii*, à fond noir, couvert d'un duvet pulvinacé, couleur de vert de gris oxydé, entièrement bordé en dessus par une ceinture d'un blanc de neige. *Tête* déprimée entièrement, avec saillie en avant des yeux. *Mandibules* noires. *Antennes* logées (comme dans toutes les espèces de ce genre) dans une rainure dirigée vers l'insertion des pattes de devant, plus courtes que le corselet, bleuâtres, les deux premiers articles verts. *Yeux* arrondis, enfoncés, appuyés à l'angle et au bord du corselet. *Corselet* abaissé, aussi large par le bas que haut, et n'ayant près des yeux que la moitié de cette largeur; fourchu sur l'écusson, cintré sur la tête; côte longitudinale peu élevée, petits plis ou nervures ayant même direction; bord extérieur noir. *Ecusson* rond, plus élargi et un peu tronqué en arrière. *Elytres* ayant un peu plus de deux fois la longueur du corselet, un peu élargies vers le milieu, tronquées sur le sommet, l'espace entre la bande et la suture offre sept côtes très-larges et mieux senties au-dessous de la base. Dessous du *corps* comme en dessus; cinq segmens abdominaux, tous noirs au milieu; le dernier est tronqué, couvert de poils noirs raides, en brosse. Tarses noirs.

La pointe thoracique rentre dans une pièce fourchue, longue.

Trouvé par nos voyageurs, à Tuspan, en terre chaude, sur des pieux secs, pendant le mois de mai.

Je dédie cette belle espèce à M. Baudet-Lafarge, ex-député du Puy-de-Dôme, qui a fait partie de l'expédition d'Egypte, et l'un des souscripteurs aux envois de nos voyageurs.

(8e fascicule. Septembre 1835.)

Pentamère. — Sternoxe.

4. CHALCOLEPIDIUS, *Esch. Dej. Cat.* 2e.

SILBERMANNI, *Chevrolat.*

Murinus, affinis El. virenti, *Oliv. Antennis cyaneis. Elytris cum* 8 *costis integris (*12 *basalibus). Medio corporis subtus atro-nitido.*

Long. 21—30 mil. Lat. 7—10 ½ mil.

Un peu plus petit que l'*Elater porcatus* de *Fab.* D'un gris de souris un peu verdâtre. *Tête* déprimée, avancée et creusée au-devant des yeux. *Antennes* bleues, les trois premiers articles de la couleur du corps. *Yeux* bruns, quelquefois noirâtres. *Corselet* très-incliné antérieurement, du double plus long que large à sa partie antérieure, presque aussi large que haut à sa base; celle-ci est coupée obliquement, fourchue sur l'écusson; côtés droits jusqu'aux deux tiers, se rétrécissant ensuite, et faiblement courbés jusqu'aux yeux, les angles sont appuyés sur eux; cintré sur la tête, petite côte dorsale peu apparente, rebord latéral noir. *Ecusson* presque cordiforme, plus large par le bas, fendu à l'opposé. *Elytres* ayant à peu près deux fois la longueur du thorax, d'égale largeur à leur base, diminuant faiblement vers le bout, arrondies à l'extrémité, noires sur la suture; huit côtes entières peu saillantes; interstices avec deux sillons peu apparens, paraissant offrir de petits points. Dessous du *corps* de la couleur du dessus, avec le milieu longitudinal d'un noir luisant; cinq segmens abdominaux ; le dernier est tronqué, couvert de poils raides noirs et en brosse. Tarses noirs.

La pointe thoracique est logée dans une bifurcation étroite, longue.

Trouvé par nos voyageurs, à Tuspan, et plus rarement à la Véra-Cruz, en terre chaude, sur du bois mort. Il ressemble beaucoup au *Sulciger* de Dejean ; mais, dans ce dernier, le corselet est moins long et plus large.

Dédié à mon bon ami Silbermann, à Strasbourg, auteur de la *Revue entomologique*, et souscripteur aux envois de nos voyageurs.

(8ᵉ fascicule Septembre 1835.)

Pentamère. — Sternoxe.

1. CONODERUS, *Eschscholtz.*

Elater, *Auctorum.*

Apicalis, *Chevrolat.*

Angustus, longissimus, punctulatus, pilis cinereis indutus. Clypeo anticè protenso et rotundato. Thorace sub-conico, longo, latiore basi, angulis posticis conicis. Elytris rufis, maculis oblongis, leucophœis cum parte apicali et anali brunnea. Corpore subtus cinereo-nitido. Pedibus subfuscis.

Long. 12 mil. (thoracis 3 4/5 mil.) Lat. 2 1/2 mil.

Cette espèce est vraiment remarquable par l'exiguité et surtout par la longueur de son corps. Elle est couverte de poils gris. *Tête* convexe sur le front. *Chaperon* brun, avancé, rebordé, arrondi jusque sur les yeux. *Antennes* de la longueur du thorax, d'un brun cendré, noirâtre; les deux premiers articles d'un roux clair; deuxième et troisième courts; suivans égaux en grandeur, de forme conique. *Yeux* ronds, noirâtres, luisans. *Corselet* étroit, long, plus large à sa base; celle-ci est droite au milieu; les angles sont coniformes, avancés, appuyés sur l'épaule; il est droit, semi-cylindrique en dessus sur la tête, couvert d'un poil gris serré. On aperçoit que le fond est chargé d'une ponctuation multipliée et son milieu offre une ligne brillante. *Ecusson* ovalaire, cendré. *Elytres* ayant deux fois la longueur de la tête et du corselet ensemble, diminuant insensiblement de grosseur vers le bout, tronquées; elles sont d'un brun clair, parsemées de taches d'un gris blanchâtre; stries avec points, les deux qui avoisinent la suture étroites, enfoncées; leur terminaison est d'un brun rougeâtre. Dessous du *corps* d'un gris lustré; cinq segmens abdominaux égaux. Les *pattes* sont d'un fauve obscur, à duvet cendré; les cuisses sont beaucoup plus courtes que les jambes, surtout les postérieures, qui paraissent difformes et assez grosses. Jambes grêles, sans épines à leur sommet. Tarses filiformes, simples; le premier article est plus long que les suivans; deux crochets minces. Trocanters avec base des cuisses tout-à-fait fauves.

Un seul individu a été trouvé, par le jeune Sallé, à Xalapa, sur une espèce de sureau en fleurs.

(8e fascicule. Septembre 1835.)

Pentamère. — Sternoxe.

1. AGRIOTES, *Esch. Dej. Cat.*

ELATER, Auctorum.

MINIATOCOLLIS, *Chevrolat.*

Niger. Thorace rubro, subtus cum linea longitudinali nigra, angulis posticis acutis, in humero innitis. Elytris exiguis, striis sulcatis, intus punctulatis.

Long. 10 $^1/_2$ mil. Lat. 3 mil.

D'un noir un peu bleuâtre. *Tête* pointillée, arrondie, faiblement échancrée sur les côtés du chaperon; celui-ci est droit en avant. *Antennes* plus courtes que le corselet, moniliformes, premier article ovalaire. *Yeux* noirs, ronds, s'appuyant sur le bord du corselet. *Corselet* plus long que large, convexe sur le dos, fourchu sur le milieu de la base; angles postérieurs avancés, avec la carène latérale plus saillante en dessus de ces derniers; il s'arrondit sur les côtés antérieurs, est échancré sur la tête et finement pointillé. *Ecusson* ovalaire. *Elytres* inclinées à la base, dans toute sa largeur, ayant deux fois la longueur de la tête et du corselet ensemble.

Chaque étui avec neuf stries sillonnées, très-étroites, entières, dans lesquelles existent de petits points non réguliers. Dessous du *corps* noir, à l'exception du thorax, qui est rouge, avec une ligne longitudinale noire. *Pattes* ponctuées. Jambes un peu plus longues, minces. Tarses simples, grêles, diminuant de grandeur et de longueur. Cinq segmens abdominaux couverts d'une granulation fine.

Trouvé par nos voyageurs, en terre froide, près de Mexico.

(8e fascicule. Septembre 1835.)

Pentamère. — Malacoderme.

I. CEBRIO, *Fab.*

FEMORALIS, *Chevrolat.*

Affinis Ceb. xanthomero, *Hoff., sed minor. Nigro-brunneus, valdè punctatus. Corpore subtus, femoribusque fuscis. Thorace brevi, transverso, angulis posticis acutis.*

Long. 15 mil. Lat. 5 mil.

D'un brun noirâtre. *Tête* ronde, large, très-ponctuée, couverte de longs poils roux. *Palpes* longs, fauves, jaunâtres à la terminaison de chaque article. *Mandibules* couleur de poix, avancées, simples, courbées et croisées l'une sur l'autre à leur extrémité. *Chaperon* transversal, étroit, ponctué. *Antennes* brunes, ayant un peu plus de la moitié du corps; premier article en massue, de la longueur du quatrième; deuxième rond; troisième de la moitié du suivant; les sept derniers égaux, allant en diminuant de grosseur. *Yeux* arrondis, noirs. *Corselet* transverse, gibbeux, d'un brun clair, ponctué, à poils soyeux, courbé sur les côtés; angles antérieurs aigus, courts; postérieurs très-prolongés, acuminés; base biarquée, pointue sur l'écusson; sommet sinueux et arrondi sur le milieu du bord antérieur. *Ecusson* incliné, déprimé, moyen, coniforme. *Elytres* deux fois et demie aussi longues que la tête et que le corselet ensemble, arrondies sur l'épaule et des deux côtés de chaque étui; chacun avec huit côtes inégales; intervalles ayant deux rangées de points, leur centre est plein d'aspérités. Tout le dessous du *corps*, trocanters et cuisses d'un jaune fauve. Jambes ponctuées, antérieures bidentées extérieurement; deux longues épines raides les terminent; elles sont, ainsi que les tarses, d'un brun couleur de poix. Le premier article est fort long, du double du deuxième, et diminue de grosseur et de longueur; le cinquième des postérieures est égal au deuxième.

La femelle est encore inconnue.

Trouvé par nos voyageurs, à Orixaba, sur les feuilles des plantes.

Liste des espèces contenues dans la deuxième centurie des Coléoptères du Mexique, *classées d'après l'arrangement du Catalogue de Dejean.*

Nota. Nous avons donné un numéro par description, afin de faciliter les citations qui pourraient être faites. — L'astérique * qui précédera les espèces est pour désigner celles qui avaient été déjà décrites ou figurées.

Carabiques.

9. Cicindela	rubriventris.	5e	fascicule.	101
10.	hydrophoba.	6	—	125
11.	Sallei.	6	—	126
12.	incerta.	6	—	127
13.	{ carbonaria. / * *lugens*, Klug. }	6	—	128
14.	hemichrysea.	6	—	129
15.	inspersa.	6	—	130
16.	{ Quadrina. / *Dejeanii*, Ch. olim. }	8	—	176
17.	* unicolor, Dej.	8	—	177
18.	Catharinæ.	8	—	178
19.	smaragdina.	8	—	179
20.	viatica.	8	—	180
1. Spheracra, Say,	* testacea (Leptotrachelus, Dej.)	7	—	151
2. Galerita	nigra.	8	—	181
1. Agra	rufo-ænea.	8	—	182
2.	oblongopunctata.	8	—	183
1. Cymindis	atrata.	7	—	152
2.	pallidipes.	7	—	153

COLÉOPTÈRES DU MEXIQUE.

3.	Calleida	truncata.	7e fascicule.		154
4.		viridis.	7	—	155
1.	Onypterygia	* fulgens.	7	—	156
2.		* tricolor.	7	—	157
3.		viridipennis.	7	—	158
4.		humilis.	7	—	159
5.		angustata.	7	—	160
4.	Lebia	macularia.	6	—	131
5.		anchora.	6	—	132
6.		bipunctata.	6	—	133
7.		flavovittata.	7	—	161
8.		4-notata.	8	—	184
2.	Coptodera	aurata.	7	—	162
3.	Brachinus	cinctipennis.	7	—	163
1.	Dyscolus	acuminatus.	8	—	185
1.	Catascopus	obscuroviridis.	8	—	186
2.	Calosoma *	læve, Dup[t].	7	—	164
3.		striolatum.	7	—	165
1.	Omophron	oblongiusculum.	7	—	166
2.		sphæricum.	7	—	167
1.	Panagæus	4-signatus.	8	—	187
4.	Chlænius	cursor.	7	—	168
5.		obscuripennis.	7	—	169
6.		violaceus.	7	—	170
7.		episcopalis.	7	—	171
8.		* tomentosus, Kn. Dej.	7	—	172
9.		herbaceus.	8	—	188
2.	Oodes	mexicanus.	5	—	102
3.		12-striatus.	7	—	173
1.	Omaseus	validus.	7	—	174

STERNOXES.

4.	Acmæodera	stellaris.	8	—	189
2.	Chrysobothris	melazona. / nigrosignata, Dej. *Cat.*	5	—	104
3.		acutipennis.	8	—	190

COLÉOPTÈRES DU MEXIQUE.

2.	Belionota	calcarata. / zig-zag, Dej. (Actenodes.)	5e	fascicule.	103
1.	Stenogaster	palleolatus.	6	—	134
2.		morosus.	6	—	135
3.		bitæniatus.	6	—	136
4.		angustus.	6	—	137
5.		incertus.	6	—	138
6.		Catharinæ. / * bifasciata, Gray. (Bup.)	8	—	191
7.		fossulatus.	8	—	192
2.	Agrilus?	sulcatulus.	6	—	139
3.		tæniatus.	6	—	140
4.		atripennis.	6	—	141
5.		cerinoguttatus.	6	—	142
6.		chalcoderes.	6	—	143
7.		basalis.	6	—	144
1.	Aphanisticus	impressus.	6	—	145
2.		exiguus.	6	—	146
1.	Melasis	rufipalpis.	8	—	193
1.	Lissomus	bicolor.	8	—	194
2.	Chalcolepidius	Desmaresti.	8	—	195
3.		Lafargi.	8	—	196
4.		Silbermanni.	8	—	197
1.	Conoderus	apicalis.	8	—	198
1.	Agriotes	miniatocollis.	8	—	199

MALACODERMES.

1.	Cebrio	femoralis.	8	—	200
1.	Lycus	semiustus.	5	—	105
2.		Schœnherri.	6	—	147
3.		loripes.	7	—	148
4.		lineicollis.	7	—	149
1.	Telephorus	tripartitus, Klug.	5	—	106

TÉRÉDILE.

1.	Brachymorphus	vestitus.	7	—	150

COLÉOPTÈRES DU MEXIQUE.

LAMELLICORNE.

CURCULIONITE.

CHRYSOMÉLINES.

FIN DE LA TABLE.

COLÉOPTÈRES DU MEXIQUE.

OBSERVATIONS

POUR LA DEUXIÈME CENTURIE.

N° 148, lig. 18, les trois premiers..., *ajoutez :* articles.
163, — 5, duabus *lisez* duobus.

176. *Cicindela Dejeanii*, Chev. *Cat.* Dej. 3e éd. p. 2. Une Cicindèle de Sibérie a été publiée sous ce nom, dans les *Bulletins de la Soc. imp. des Naturalistes de Moscou,* ce qui m'oblige à nommer mon espèce *Quadrina.*

151. *Spheracra.* Say ayant créé, je crois, ce genre, avant que Latreille n'eût imposé au même insecte le nom générique de *Leptotrachelus,* il convient de rétablir l'antériorité.

152. *Cymindis atrata.* Dejean, dans le Supplément de son *Spécies général des Coléoptères*, s'étant servi de ce mot pour désigner une espèce de Buénos-Ayres, a changé son *Cymindis atrata* en *Cym. Chevrolatii, Cat.* Dej. 3 éd. p. 9.

164. *Calosoma læve*, Dup[t]. Dejean a fait sa description sur une femelle unique. Ayant comparé avec elle un mâle envoyé par nos voyageurs, je crus qu'il appartenait à cette espèce ; mais depuis, ayant donné le mâle et la femelle au comte Dejean, il a reconnu en eux une espèce très-voisine, qu'il a appelée *Cal. Chevrolatii, Cat.* Dej. 3e éd. p. 25.

Les mâles des *Calosoma læve*, *anthracinum*, *Chevrolatii* et *striolatum* n'ont pas les pattes postérieures arquées, particularité qui peut s'expliquer par leur habitude de courir à terre et non de grimper aux arbres. Ils se rencontrent sur les chemins, dans les fossés, et le *Chevrolatii* a été pris plusieurs fois sous des animaux morts. M. Brullé pense que le *Striolatum* pourrait bien être un *Carabus*. Cependant ces quatre espèces ont les mandibules striées.

171. *Chlænius episcopalis*. Ce nom ayant été employé antérieurement par Dejean, pour la description d'une espèce de Nubie, cet auteur a substitué au mien le nom de *Chl. Chevrolatii*, Dej. *Cat.* 3e éd. p. 29.

174. *Omaseus validus*. Dejean ne croit pas que cet insecte puisse être détaché des *Chlænius*. Quelques entomologistes pensent que c'est une femelle du genre *Asporina*. Je ne puis lever ce doute, n'ayant pas encore le mâle. Les palpes ne m'ont offert aucune différence avec ceux des *Omaseus*.

106. *Telephorus tripartitus*. Cet insecte est dans le genre *Callianthia*, formé par Dejean, dans la dernière édition de son *Catalogue*; il s'y trouve sous le nom de *Compressicornis*, Klug. Ce genre aura besoin d'être examiné de nouveau; ces insectes et quelques autres espèces ont les premiers articles, chez les mâles, fort longs, ce qui n'a pas lieu dans le plus grand nombre.

107. *Cetonia geminata*. Elle a été trouvée une fois, abondamment, par nos voyageurs, aux environs de la Véra-Cruz; elle ne vit pas, comme ses congénères, dans les fleurs, mais sur les feuilles d'une plante qui n'a pu m'être nommée (indépendamment de cette manière de vivre, elle me semble devoir former, avec quelques autres Cétoines, un genre distinct). La variété la plus remarquable a les élytres sans lignes, avec cependant la suture et la marge d'un brun foncé. Le corselet offre seulement à son milieu deux petits points obscurs; d'autres fois les lignes longitudinales et les deux taches trigones sont obsolètes et les deux points obscurs.

116. *Lema confusa*. M. le comte Dejean possède dans sa collection, sous le nom de *Lema trabeata*, une variété de cette

espèce, ayant les élytres presque entièrement noires. Cet insecte se trouve encore à l'île de Cuba.

119. *Omocerus.* Nom à changer en *Omocera.*

120. *Clytra bisquadripunctata* fera partie de mon genre *Anomoia, Cat.* Dej. 3e éd.

122. *Erotylus apiatus* rentrera dans mon genre *Iphiclus;* c'est le *Chevrolatii* du *Cat.* Dej. 3e éd.

175. *Erotylus Lesueuri.* Genre *Lybas,* nommé *purpureus* par Dej. *Cat.* 3e éd.

124. *Chilocerus pentaspilotus.* C'est un *Hyperaspis,* genre que je viens de former. *Cat.* Dej. 3e éd.

FIN DE LA DEUXIÈME CENTURIE.

Imprimerie de G. Silbermann, à Strasbourg.

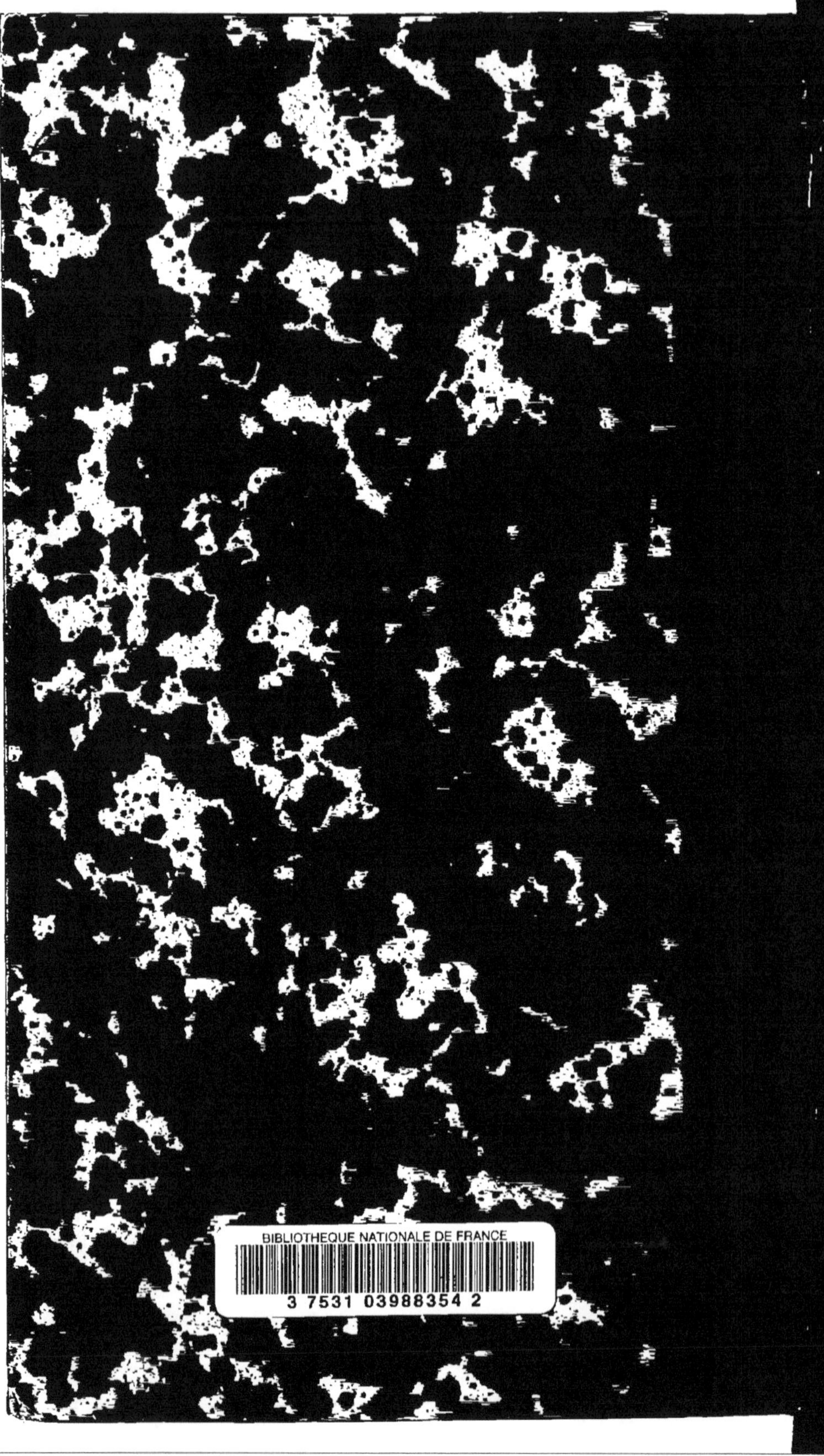
BIBLIOTHEQUE NATIONALE DE FRANCE
3 7531 03988354 2

www.ingramcontent.com/pod-product-compliance
Ingram Content Group UK Ltd.
Pitfield, Milton Keynes, MK11 3LW, UK
UKHW020155250726
13967UKWH00003B/1072